U0576987

只有适合 >>>
自己的选择，
才能成就 >>>
优秀的你

张 华 编著

广东旅游出版社
GUANGDONG TRAVEL & TOURISM PRESS
悦读书·悦旅行·悦享人生

中国·广州

图书在版编目（CIP）数据

只有适合自己的选择，才能成就优秀的你/ 张华编著. — 广州：
广东旅游出版社，2017.5（2024.8重印）

ISBN 978-7-5570-0743-0

Ⅰ.①只… Ⅱ.①张… Ⅲ.①成功心理 - 通俗读物 Ⅳ.①
B848.4-49

中国版本图书馆CIP数据核字（2017）第023256号

....

只有适合自己的选择，才能成就优秀的你

ZHI YOU SHI HE ZI JI DE XUAN ZE , CAI NENG CHENG JIU YOU XIU DE NI

出 版 人　刘志松
责任编辑　李　丽
责任技编　冼志良
责任校对　李瑞苑

广东旅游出版社出版发行

地　　址　广东省广州市荔湾区沙面北街71号首、二层
邮　　编　510130
电　　话　020-87347732（总编室）　020-87348887（销售热线）
投稿邮箱　2026542779@qq.com
印　　刷　三河市腾飞印务有限公司
　　　　　　（地址：三河市黄土庄镇小石庄村）
开　　本　710毫米 × 1000毫米 1/16
印　　张　17
字　　数　230千
版　　次　2017年5月第1版
印　　次　2024年8月第2次印刷
定　　价　72.00元

本书若有倒装、缺页影响阅读，请与承印厂联系调换，联系电话 0316-3153358

序　言

比尔·盖茨说过一句话："做自己最擅长的事。"微软公司创立时只有比尔·盖茨和艾伦两个人，他们最大的长处是编程技术和法律经验。他俩以此成功地奠定了自己在这个产业的坚实基础。在以后的30多年里，他们一直不改初衷，"顽固"地在软件领域耕耘，任凭信息产业和经济环境风云变幻，从来没有考虑过涉足其他经营。结果他们有了今天这样的成就。

如果你用心去观察那些成大事的成功者，都有一个共同的特征：即心中都有一把丈量自己的尺子，知道自己该干什么，不该干什么。有了自知之明和扬长避短，再抓住发展机遇，这个世界上于是有了"塑料大王""汽车大王""钢铁大王"等企业巨人。

曾经有位美国记者采访晚年的投资银行一代宗师 J.P. 摩根，问道："决定你成功的条件是什么？"

摩根不假思索地说："性格。"

记者再问："资金重要还是资本更重要？"

摩根答道："资本比资金更重要，最重要的是性格。"

摩根曾成功地在欧洲发行美国公债，采纳无名小卒的建议轰轰烈烈地大搞钢铁托拉斯计划，还曾力排众议推行全国铁路联合……他的奋斗史，他的开创性伟业，根本上是源于他倔强、坚强和敢于创新的性格。

1998 年 5 月，世界巨富沃伦·巴菲特和盖茨应邀去华盛顿大学演讲。有学生问了他们一个有趣的问题："你们是怎么变得比上帝还富有呢？"

巴菲特先回答说："这个问题非常简单，原因不在智商。为什么聪明的人会做一些阻碍自己发挥全部功效的事情呢？原因在于他的习惯、性格和脾气。"

盖茨非常赞同他的话："我认为沃伦的话完全正确。"

　　摩根、沃伦和盖茨其实道出了赫拉克利特的一句名言："性格即命运。"他们的成功也给了这句名言以充分的证明。

　　一个人的性格特征将决定着其交际关系、婚姻选择、生活状态、职业选择以及创业成败等等，从而根本性地决定着其一生的命运。如果将一个人比作一栋大厦，那么性格就是大厦的钢筋骨架，而知识和学问等则是充斥于骨架中的混凝土。钢筋骨架决定着大厦能建多高，建多壮，是高耸入云的摩天大楼还是低矮的简易楼房；性格决定着你的一生是悲剧连连、平平庸庸还是建功立业、让人敬仰。

　　人生的命运、成败在很大程度上取决于环境，或者说是机遇。那么性格的决定性作用如何理解呢？研究者是这样解释的：环境框定了一个人的人生遭遇的可能范围，性格则决定了他对可能碰上的各种遭遇的反应方式。性格不同，对人生遭遇的反应方式也就不同，相同的环境就有了不同的意义，因而也就成了本质上不同的经历和命运。

目　　录　　

▶ 第一章

| 自我认知是人生成功的起点 | 1 |

俄国文学家屠格涅夫说过："人的心灵是一座幽暗的森林。"幽暗的森林包罗万象，深不可测，像迷宫又像深渊，令人难以看到其真面目。可是我们又必须走进自己的心灵，去认识自己。想想看，我们每个人都想要做好自己，做个无论是在生活上还是在事业上都成功的自己，可是如果我们不认识自己，又如何去做好自己呢？我们都想、都要继续向前走，但如果我们不知道自己身在何处，又怎么知道前方在哪里？

● **第二章**

你究竟属于什么样的人 39

人类历史的第一个前提无疑是个人生命的存在。每一个人生命的出现都是人类繁衍工程里的一个结晶。生命经历了人类历史的长河，经历了祖辈人的不懈努力。生命的宝贵，在于它延续而来的历史太悠久了，它使每一个存在的人感到庆幸、自豪、惊讶和珍贵。然而死给生命规定了存在的界限。如何用有限的生命建造那瞬间的丰碑，成为每一个生命孜孜追求的目标。虽然个人的存在被限定在生命界限内，但是在悠长的历史之光的照耀下，它有了社会和历史的意义，个体发出的瞬间光明连成一片，个体价值的意义又构成了人类永恒的历史。

● **第三章**

什么样的人才能够成就大事 113

每个人都想拥有更好的性格或者个性。可事实是有人成功，也总是有人失败；有人能从失败中崛起，最终走向成功，有人却自成功中堕落，深陷失败深渊；有人拥有近乎完美的性格，有人却孤僻、暴躁、自卑、懒惰、怯懦抑或贪婪等等，缺陷重重。

而所有的成功或失败，机遇固然重要，可根源却是在我们自身——我们的心灵，或者说是性格。

▶ 第四章

优化你的性格　　　　　　　　　　　　　　　　**169**

性格改造或者说优化性格的目的，就是克服性格缺陷，实现不良性格向优良性格的转化。要做到这种转化不是一件容易的事情，它需要一个长期努力的过程，以及恰当的改造方法。

性格是一个人对现实的稳定态度和在习惯化了的行为方式中所表现出来的个性心理特征。诚实或虚伪、勇敢或怯懦、勤劳或懒惰、果断或优柔寡断等等都被认为是性格特征。虽说"江山易改，本性难移"，但并不是说性格不可以改变，只是改变需要一个长期的过程。

▶ 第五章

自信乐观者的成事法则　　　　　　　　　　　　**193**

拥有自信乐观性格的人能够承担风险和责任，挑战挫折，自己主宰自己的命运。自信乐观是成功者的垫脚石，因为成功使他们内心生长出特别的优越感，所以他们会表现得更加自信乐观！

目录

▶ **第六章**

坚韧敢为者的成事法则　　　　　　　　　　　　209

> 拥有坚韧敢为性格的人在追求事业成功的道路上必定事事耗费苦心，但正是这种永不放弃和踏实努力的精神，为他们奠定了在困难中站起来的基础，有了这样的基础，他们的事业发展必定是踏实稳定的！

▶ **第七章**

敏感孤独者的成事法则　　　　　　　　　　　　221

> 一个拥有敏感性格的人，在事业发展中一定能够及时捕捉到"先机"，并且可以通过不断变化的客观环境来调整自己的策略。但需要注意的是：有时敏感的性格会衍生出对失败的畏惧和气馁情绪，这一点是会妨碍自己的事业发展的！

▶ **第八章**

严谨理智者的成事法则 　　　　　　　　　　**229**

> 　　一个性格严谨的人总是力图永远保持自我控制的能力。这种能力显示出了真正的人格与决心，因为这种性格的人永远都不会输给自己！

▶ **第九章**

叛逆果敢者的成事法则 　　　　　　　　　　**245**

> 　　叛逆果敢性格的人是激进、永不服输的人，这样的人敢于向自己的生存环境大声宣战。但需要注意的是：一个人要有勇敢精神，但不是盲目冒险！

目
录

第一章　自我认知是人生成功的起点

　　俄国文学家屠格涅夫说过："人的心灵是一座幽暗的森林。"幽暗的森林包罗万象，深不可测，像迷宫又像深渊，令人难以看到其真面目。可是我们又必须走进自己的心灵，去认识自己。想想看，我们每个人都想要做好自己，做个无论是在生活上还是在事业上都成功的自己，可是如果我们不认识自己，又如何去做好自己呢？我们都想、都要继续向前走，但如果我们不知道自己身在何处，又怎么知道前方在哪里？

性格决定你的人生舞台

成功者总是善于找到自己的强项

在日常生活中，总有许多人渴望自己能够走出困境，获得成功，但又苦于找不到出路。因此身心疲惫，失望至极，甚至对自己的人生都索然无味；除此之外，还有一种人就是准备再来一次，结果还是陷入失败的怪圈中。

为什么会有这种现象发生呢？换句话说，这种现象是不是很奇怪？显然，这种现象是正常的，并非一种怪圈。拿破仑·希尔曾说过这样一句话："由于我们的大脑限制了我们的手脚，因此我们掌握不了出奇制胜的方法。"这就是说，我们在日夜渴望自己成功的同时，实际上对自己知之甚少，常以为自己做的，就是对自己最好的想法。

宽泛地讲，我们的错误正在于：不了解自己的强项是什么？常常过高或过低地估计自己的能力，本来有能力做成的事，结果因犹豫不决而错失时机；本来无能力做成的事，结果因求胜心切而贸然出击。这都是因为看不清、看不准自己到底"该干什么"和"不该干什么"而导致的不良后果。在实际生活中，这种人不是一个、两个，而是为数不少，因此太多的抱怨是没有用的，关键还是要清醒地面对自己，找准自己的强项，并依靠自己的强项去获得成功！

显而易见，一个没有自己强项的人，在绝大多数情况下，只能羡慕别人；而一个找不准自己强项的人，又只能盲目行动。这两者都是可悲的。究其本质而言，每个人都有能力，但表现出来的，并不一定是最强的能力。

什么是最强的能力？就是你轻松自如、游刃有余地表现出自我的潜在本领，能够体现你的最大值。你在自己的强项上奠基人生，成功的概率就会很高；你在自己的弱项上与别人较量，只能把成功的果实拱手让给别人。假如在自己的强项上失败，人生的遗憾就不会太多，因为你应尽到了自己最大的能力。相反，你会留下更多的遗憾。当然，没有遗憾的人，是没有的；但是一生都没有找到自己的强项，则是人生最大的遗憾。

走进自己的心灵

每个人都想成功。每个人都想拥有更好的性格或者个性。可事实是有人成功，也总是有人失败；有人能从失败中崛起，最终走向成功，有人却自成功中堕落，深陷失败深渊；有人拥有近乎完美的性格，有人却孤僻、暴躁、自卑、懒惰、怯懦抑或贪婪等等，缺陷重重。

亲爱的朋友，看看我们身边的芸芸众生，是否每天都在上演着成功或失败的人间悲喜剧呢？而所有的成功或失败，机遇固然重要，可根源却是在我们自身——我们的心灵，或者说是性格。

俄国文学家屠格涅夫说过："人的心灵是一座幽暗的森林。"幽暗的森林包罗万象，深不可测，像迷宫又像深渊，令人难以看到其真面目。可是我们又必须走进自己的心灵，去认识自己。想想看，我们每个人都想要做好自己，做个无论是在生活上还是在事业上都成功的自己，可是如果我们不认识自己，又如何去做好自己呢？我们都想、都要继续向前走，但如果我们不知道自己身在何处，又怎么知道前方在哪里？

我们每个人都会成功，但是在发掘自己巨大潜力的前提下，你可能会具有巨大成功而又快乐的一生；你也可能在苟延残喘、无所事事地捱过每一天；你可能正在不适合的工作上死撑；你也可能正在和一个不适合的爱人每天都吵得不可开交；你可能没有朋友知己，表面虽然活得不亦乐乎，实际内心不得不承受着孤独与寂寞；你也可能正在错误地管理着你的下属，泯灭他们的个性与生产力……一生就这样胡乱地过去，这是天底下最可惜的浪费！

日本有位心理学家曾经说过:"青年在不能确认自己的情况下,所进行的活动和实践,只能是一种逃避和消遣。从这个意义上说,青年必须首先从正视和分析此时此地的我开始。"所谓"确认自己",就是走进自己的心灵深处,剖析自己的性格,找出长处与缺陷。

青年人开始走向独立生活,自我意识大大地增强了,但常常表现出某些偏见。我们平时经常听人说:

"我对自己最清楚!"

"难道我对自己还不了解吗?"

其实,讲这些话的人中间某些人对自己并未真正地了解,对自己的性格、才貌、学识、成绩、贡献以及自己在别人心目中的地位等等,要么估计得过高,要么估计得过低。对自己估计过高的人,往往自尊心过强,懂得自尊本来是一种可贵的性格品质,它能激发人的进取精神,自觉维护应有的荣誉和人格。但是,自尊心太强,则会有害身心健康。这种人往往以自己的长处去比别人的短处,总是看不起别人,目中无人,以为自己处处比别人强,一旦别人超过自己就不高兴,容易产生嫉妒心理。别人幸福和他自己的不幸都将使他感到不快,因而环境适应能力较差,易出现心情沮丧、牢骚满腹而导致身心疾病。试问如果他不能走进自己的心灵,找出这自尊自大的性格症结,继而克服之,又怎么会尝得到幸福的滋味和成功的快乐?

对自己估计过低的人,却又容易产生自卑心理,久之形成了自卑的性格。谦虚谨慎、虚怀若谷本是一种美德,承认自己知识少的人,往往是勤奋好学、有真才实学的聪明人。然而,事事处处都觉得自己不行,也是一种极其有害的性格。例如,在身体上嫌自己长得太矮、太胖或太瘦,怀疑自己的健康,担心患癌症;在学习上甘居中下游,缺乏进取精神;在事业上缺乏信心,无所作为;在人际交往中有一种惭愧、羞怯、畏缩、低人一等的感觉。这种有自卑性格的人对外界的反应十分敏感,容易接受消极的暗示,稍受到挫折就会心灰意懒,甚至产生厌世轻生的念头,对身心健康危害极大。敢于走进自己的心灵,客观地认识评价自己,正确地进行自我分析,是个体认识世界的组成部分。

成功者背后的性格密码

性格是成功重要基础

2004 年希腊雅典奥运会上，中国篮球运动员姚明出任中国体育代表团开幕式旗手。姚明之所以能够担此重任，除了他在赛场上的运动技能以及在国际上的知名度和影响力外，更主要的是他的人格魅力。

美国《体育画报》把 2003 年称为"姚明之年"；《时代》周刊的文章评论说：五年之后，姚明在世界上的影响力会超过"老虎"伍兹；日本媒体则感叹：姚明已经超过中田英寿，成为亚洲第一体育明星。

在一般人的眼里，姚明因为出色的球技而在其所效力的休斯敦火箭队占据了主力地位。但细心的球迷还会从球场上看到姚明的谦逊善良和他的执着：当队友被对方撞倒时，他总是伸手将他们拉起；当队友在罚篮时，无论投中还是不中，他也总是会向前一步击掌鼓励；火箭队的老大弗朗西斯不断喂球给姚明，给他展示才华的机会；因姚明的到来而失去主力中锋位置的卡托，对当姚明的替补也是如此心甘情愿。

正如火箭队老板道森所说："每个人都喜欢姚明。"姚明得到人们的广泛关注，不仅是因为他在篮球领域所展现的才华，他独特的人格魅力也让他与众不同。每个人都对他产生好奇，有些美国普通老百姓说："我不是球迷，但是我喜欢看姚明打比赛。"NBA 历史上已经很久没有出现过这样一位让人着迷的球员了。

有记者曾经问过一些关注 NBA 的美国人，除了身高之外，姚明身上究竟有哪些东西让他们如此着迷。纽约 MSG 电视台的体育播音员直言不讳地说，姚明的谦逊和无私是他受到美国人青睐的秘密武器，冠军并不一定要在任何时候都咄咄逼人。

从 NBA 众多球星的情况来看，像姚明这样打球之余只玩电脑游戏的"好孩子"，实在是凤毛麟角。而他的同行中，有的吸毒酗酒，有的沉湎女色或赌博……姚明在 NBA 的崛起，无疑让美国人看到了"另类"球星的风采。在美国媒体的印象中，姚明是个没有架子、谈吐风趣的邻家大孩子，在充满各种诱惑的花花世界里，姚明生活中最大的享受，竟然只是能天天品尝妈妈做的家常菜。

更难能可贵的是，才 20 多岁的姚明在异国他乡面对巨大的荣誉表现出超出他年龄的成熟和明智。他谦逊平和、幽默机智，与人相处融洽，能从容地应对比赛，从容地参与一些商业活动，也从容地面对媒体。姚明说："所有的一切都发生得太快，太突然，我始终认为，在明星堆里我是蓝领，只是小字辈。"他还说："打球可以使我快乐，但在 NBA 最重要的责任，就是帮助球队获胜。这也是职业球员最基本的责任。"一些在美国的留学生称姚明很"国气"，是一种大国之气，一种君子之风。

姚明给人的感觉是中国人正在自信地走向世界，追求个人成功、个人奋斗以及由此带来的个人财富。姚明创造了属于他自己的财富，但他身上所体现出的风范同样是一笔巨大的精神财富，姚明的人格魅力浓缩了中国新一代青年的许多优秀性格。

另外，在姚明的冠军之路上，有四个秘诀一直陪伴着他。

一、自知之明

姚明憧憬 NBA 不自今日始，釜山亚运后终于美梦成真，披上休斯敦火箭队战袍，却不头脑发胀。初登 NBA 赛场，姚明表示要以 10 场比赛来适应 NBA，首役得分吃了零蛋，他改口以 40 场比赛调整，"把困难想多一些，适应时间定长一些，以减轻自己的压力"。

而在对小牛队一役独得 30 分和 16 个篮板，各方好评如潮时，姚明同样冷静，表示即使适应了 NBA，他仍亟待提高自己的体能，并能指出此役正是体能不足使他下半场不及上半场出色。

逆境与顺境姚明皆"心如止水"，这正使他不断进步。

二、自我调动

姚明极擅长自我调动，到洛杉矶湖人队主场作赛，面对 NBA 盟主，又是客场出战，姚明反让自己激情澎湃。这个赛场是好莱坞明星们经常涉足之所，而姚明之偶像朱莉娅·罗伯茨当在其中；姚明还想象这儿诞生过许多湖人队在 NBA 扬名立万的中锋，他们获得的总冠军钻戒似乎就在眼前熠熠生辉，"想到这儿我就激动。"姚明说。这样调动的结果是，姚明一举拿下 20 分，刷新中国球员在 NBA 得分纪录，也突破了自己的心理瓶颈，被美联社称为"姚明终于抵达 NBA"。

以后，与奇才队比赛，姚明以"和乔丹掰手腕"调动自己；与小牛队比赛，则以"除了小时候与父亲之外，又一次与比自己高的人（布拉德利）较量"来自我兴奋，结果都表现神勇，一再成功。

三、永远自信

即使初登 NBA 大雅之堂时不止一役一分不得，前 4 场比赛平均每场只得可怜的 2.5 分，堪称惨不忍睹；加上前火箭队巨星巴克利冷嘲热讽（"姚明一场比赛能得 19 分我就会亲他的屁股"），姚明仍保持自信，用行动来赢得对手尊敬。在对湖人队拿下 20 分后，姚明毫不掩饰地说："对我来说，这绝对是一个突破！"在与小牛队比赛拿到 30 分后，他说："这是我的比赛！"颇有"不愿当将军的不是好兵"之自豪。不久前，姚明在接受美国媒体时表示："我迄今仅仅打了 10 场比赛，我对于自己的表现（之好）也感到意外，我的自信心越来越强！"

而自信心不断增强正是这位 NBA 状元秀"百尺竿头，更进一步"的保证。

四、处变不惊

在与小牛队比赛时让比他还高的对手布拉德利很是屈辱，居然一分不得。于是，现场布拉德利的拥趸失控高喊："肖（布之简称），打他（姚明）的脸！否则他会生吞了你！"而姚明"泰山崩于前不变色"，我行我素，最后拿了30分。

对此，姚明自剖心迹："你知道，我一直将比赛分为两半：一半是享受篮球带来的快乐，一半是取得胜利。"这样，NBA比赛于姚明胜败皆逢源：胜利是他本来就有的目的，败则享受篮球本身的快乐。

超强的信念创造着奇迹

12秒91，12秒88，这是一个飞翔的奇迹！

在奥林匹克运动的故乡，刘翔跨越了历史，中国人、亚洲人、黄种人看似不可能跨越的历史！

正如刘翔在获得奥运金牌之后那句"谁说黄种人不能进奥运会前八……我，是奥运会冠军！"这句荡气回肠的话激励着无数的年轻人在创造着梦想，实现着梦想。

也许，最能体现刘翔的冠军之路的一句话就是："人，不是为失败而生，人可以被毁灭，但不可以被打败。"

在《老人与海》中，因为老人有着一种永不言败的信念，所以他在84天没有捕到鱼之后，由于鱼太大仍坚持了几天几夜才把鱼钓上小船来；又因为老人有着一种永不言败的信念，所以在归途中遇到鲨鱼时，即使他筋疲力尽，即使鱼全被鲨鱼吃光，他仍然坚持他那永不言败的信念。

确实，信念可以创造奇迹，老人活着回来了，他一个人回来了，是凯旋，至少他自己认为是胜利了。回来后，他把鱼刺挂在门前。

在生命的旅途中，我们不免会遇到各种挫折。但是，我坚信：痛苦的结果是磨炼后的高贵。

只要你心中存在着一种信念，你将活得比一般人精彩，即使之前是痛苦的。

一位穿越大沙漠的人迷失了方向，他从衣袋里找到了仅剩的一个苹果。"我还有一个苹果。"他惊喜地喊着，便仍在大沙漠里寻找出路。虽然累，虽然渴，虽然疲惫，但最终他没有咬过一口苹果。经过了几天几夜，他也并没有死，而是奇迹般地活下来了，因为他有着生存的信念，有着永不言败的信念。最重要的是他在生死之间徘徊的时候，他有一个苹果。人，也许就是这样，在困境的时候，往往需要寻找一点东西来提醒自己不要轻易言败。

失败一次，追求第二次，失败一百次，追求一百零一次。那你就会发现信念是可以创造奇迹的，只要你坚持，你就会成功的。

但是，如果一个人心中没有一点信念的话，在失败面前，他将无能为力；在失败面前，他将是一个懦夫；在失败面前，他将会一败涂地。那是可悲的，更是可怜的。因为，人，不是为失败而生，人可以被毁灭，但不可以给打败。把这当作自己的信念，因为，信念会创造奇迹。所以，刘翔就凭着自己信念，如同上述故事的情节，就因为这样，信念创造了奇迹，今年已经累过了，苦过了，好好放松，信念永存于心中，因为在以后的赛场上，有刘翔的地方就一定会有奇迹出现，因为他曾说过：中国有我，亚洲有我！

当然，除却信念的强大支持外，流向的成功还有着其他关键的因素：

一、天生我"材"必有用

刘翔能够创造中国田径的历史，首先与他拥有一副天生的跨栏运动员身材密不可分。

身高 1.89 米的刘翔，穿的鞋竟然只有 40 码。对于刘翔的"小脚"，刘翔的爸爸自有一番独到的见解："马的脚比熊的脚小得多，所以比熊跑得快呀！"而且，刘翔的臀部高高翘起，初投孙海平教练门下时，他就被众多师兄戏称为"欧洲人"。在国家队集训，同样的一条牛仔裤，身高体壮的队友史冬鹏一伸腿就能套上，看似瘦些的刘翔却要拉扯半天。"人家都说，我儿子这种身材是很少见的。"谈起儿子的身材，刘爸爸总是特别得意，"尤其是他的肌肉形状与众不同，不仅具有超强的爆发力，而且肌纤维黏滞性低，不容易拉伤。"

刘翔的妈妈似乎更强调遗传因素。"你知道我家翔翔为什么跨栏这么好吗？"爽朗的刘妈妈拍拍自己的腿说，"韧带松啊。你看，我51岁了，还能一字开呢。"天生的好身材，是刘翔成功的基础。

二、天道酬勤练为上

有了好身材，还得有刻苦努力和科学有效的训练。刘翔和他的教练孙海平一年365天，可以说每天都要上训练场，即使遇到恶劣天气，他们也会千方百计地找室内场地训练。2003年冬天，刘翔在室内世锦赛上打破亚洲纪录后回国，飞机中午落地后行李被耽搁，无奈之下他们打电话让供应商临时送了两双鞋来，师徒俩下午又上了训练场。用孙海平的话来说，这叫"活络筋骨"，适量的训练不仅能够保持状态，甚至有利于调整时差。

孙海平的训练，最大秘诀在于因材施教。他曾对记者说，中国人搞短跑，也许有很多方面不及欧美人，但是我们的神经系统特别灵敏，而刘翔比一般人更灵，尤其是他的节奏感特别强。所以孙海平针对刘翔的个人情况，制订了一整套的训练计划，包括在技术上精益求精，在提高比赛成绩上，每年都有精确的指标。

平时，孙海平的训练安排是时间短、训练量大，这样刘翔的身体不至于过度疲劳，情绪也不至于厌烦，伤病发生率大大降低了，训练效果也出奇地好。在我国田径运动员中，刘翔的训练肯定不是最苦的，成绩上升却是最快的。

三、天降大任于斯人

中国田径一直在男子短跑项目上难有作为，曾有专家断言这是人种学的原因。但是，刘翔和孙海平都不信这个邪。

"天降大任于斯人"，孙海平常常这样念叨。担任国家田径队领队16年之久的韩永年曾经告诉记者，上海有个孙海平教练，他手里有"一大把"身体条件好、技术出众的跨栏选手，已经形成一个"人才群"。当时，孙海平麾下有亚洲纪录保持者陈雁浩，还有范嗣杰和刘翔等小队员。那时刘翔进队才三个月，而成绩已经超过陈雁浩的同期水平。"看着吧，用不了多久，这些孩子里面准会冒出个把来。"韩永年如此预言。

果然，没过多久，刘翔冒了出来。2002年，刘翔在世界青年田径锦标赛上以13秒12的成绩，打破美国人内赫米亚保持了24年之久的世界青年纪录和李彤保持了8年的亚洲纪录。2004年，刘翔又在国际田联大奖赛日本大阪站的比赛中，以13秒06的成绩创造了新的亚洲纪录。那时，孙海平只淡淡地一笑，他告诉记者："你看着，看奥运会吧。"而刘翔的话更惊人："我爷爷70岁时都能学会骑自行车，我还有啥干不成的！"

毫无疑问，刘翔是个天才。天才加勤奋的性格，想不成功都难。

不断在逆境中站起的冠军

1999年第45届荷兰世乒赛，这是她第一次代表国家队出现在世界乒乓舞台上。那年她只有18岁，初出茅庐的她一路杀进女单决赛，可惜离登顶就只差一步，在2：0领先的形势下被王楠翻盘，获得一枚银牌。尽管她在别人的心目中已经可以算是相当了不起的了，但是她的梦想就只有冠军，从那时起她的心中就开始憋着一口气：这个冠军早晚就是我的。

2001年第46届大坂世乒赛，正值王楠的鼎盛时期，那年她20岁，又一次被王楠挡在了决赛的门外，获得了一枚铜牌。

2003年第47届巴黎世乒赛，这是她第一次冲上世界排名第一的宝座，那年她22岁，技术已经相当成熟，在3：0领先的大好形势下又一次被经验老到的王楠翻盘，重演了4年前的一幕，又获得了一枚熟悉的银牌。

她开始怀疑自己，甚至出现了绝望，就在决定放弃这项心爱的事业的时候，女队教练们打开了她的心结，帮助她一步步地从失败的阴影中走了出来。

2005年第48届上海世乒赛，继2004年夺得雅典奥运女单和女双金牌后，她用激情与沉稳实现了 6 年前就已有的目标，捧起渴望的世乒赛女单奖杯，亲吻着那枚来之不易的女单金牌，她说，6 年前打球完全靠的是一股拼劲，而现在更多的是依靠经验与技战术意识。与此同时，她也成为一位大满贯得主。从此，她顺利地从王楠手中接过了女乒大旗。

对于每天的训练，不管是体能还是打球练习，她都严格要求自己，尽量做到最好，为其他的队员做好带头与示范作用。对于每次比赛，她都能以平和稳定的心态去应对它，成功了，不骄傲；失败了，不气馁，赛后积极地思考与总结。对于自己的每一个动作，她都会虚心地向教练请教，认真地分析并纠正，精益求精，争取达到完美。对于身边的队友，当遇到挫折或困惑的时候，她会积极地伸出友爱的双手。她现在，在队里，无论何时，她想的都不只是她自己，学会了关心他人。

所有的人都说她成熟了。

可是喜欢完美的她却给自己定下了明确的目标：成为队里的名副其实的领军人物，让教练与队友放心，让国家放心。同时她的眼睛也已瞄准了下一个目标：2008 年奥运会。

张怡宁的乒乓球生涯中，顺境比逆境的时候多，"意外"则是她进步过程中不可避免的学习过程，宁宁坦言"逆境"比起"顺境"，让她获取的收获更多。

一、骨折属意外　教训深刻

刚刚在第 48 届上海世乒赛上夺得女单、女双两项冠军的张怡宁，在大喜过望之际却"乐极生悲"。12 日晚 17 时，在她返回北京队出席队内的训练时发生意外——不幸磕伤右手。据北京女队总教练周树森介绍，张怡宁将缺席于 18 日开始的第十届全国运动会乒乓球预选赛，北京军团和张怡宁很可能为此而失去一枚全运会金牌的争夺机会。

12 日晚 17 时许，北京队正在位于先农坛的训练馆中进行混双训练，张怡宁在接一个介乎"出台与不出台"之间的球时，从下向上挥拍扬起的右手碰在了球台的犄角上。张怡宁马上被送往医院诊断。诊断的结果为"第一掌骨基底部骨折"。周指导说："其实就是伤到大拇指了。不幸中的万幸是伤势还不是很严重，医生说，只要好好休养，一个月左右就可以康复。这样还不会影响张怡宁参加 10 月中旬开始的全运会比赛。"

好在作为奥运会冠军，张怡宁已经获得了全运会女单比赛的资格，同时由于北京女队在去年的全锦赛上获得冠军，所以本次预选赛上的团体赛参赛资格也不用张怡宁出马争夺。其实，真正受到影响而无法参赛的项目就是混双和女双。周指导说："可能要损失一块乒乓球金牌，因为张怡宁和郭焱在国内省市女双配对中绝对是第一号的。混双她也和马龙搭档很长时间了，也非常有竞争力。"

经历了这次意外，张怡宁已经懂得一个优秀的运动员应该如何保护自己。

二、"一门心思"使意外频生

张怡宁喜欢乒乓球，不像一般人，而是打心眼里真喜欢。很多人觉得训练苦，她却觉得是一种享受，所以能熬得住。她小时候心就特别大，一门心思就想拿世界冠军。

而张怡宁后来出现问题还就出在她的"一门心思"上。在宁宁成长的过程中，在技术上基本没走什么弯路，心态上却出了很多问题，思想波动比较大。她想拿冠军，却没想过冠军需要一步一步做起，不能一步登天。

在 2004 年之前的 4 年里张怡宁经历了很多挫折，一次次冲击单打冠军都以失败而告终。

2000 年张怡宁非常有希望参加悉尼奥运会女单比赛。但在吉隆坡世乒赛女团决赛中输给徐竞的一场球，改变了她的前进轨迹。那次团体赛，张怡宁前面一直发挥得不错。决赛对中国台北，前两盘王楠和李菊打得特别好，张怡宁激动得信心爆棚，她想自己必须要比王楠和李菊赢得更漂亮。结果她一上去就打"冒"了，教练李隼急得直想上去掐她，眼瞅着她败下阵来。

受这场球的影响，张怡宁在随后的奥运会预选赛中打得很差，错失了参加悉尼奥运会的机会，人一下子消沉下去了。李隼对她说，如果你还想打下去，只能你自己救自己了，这道坎你必须自己迈过去。

三、摆脱意外　教练苦心孤诣

自己迈过去谈何容易？在这之前，张怡宁一直特别顺，没受过这么大的打击。打 2000 年奥运会预选赛输球，大约有两三个月的工夫，张怡宁一直没缓过劲儿来，她暗自思忖：看别人拿冠军好像挺容易的，到我这儿怎么这么难？

后来教练李隼给她做了很多工作，中间宁宁思想也有反复，最后还是坚定下来。她想：自己这么喜欢乒乓球，决不能轻言放弃，决定重新来过。那一年的年底队伍出访欧洲，张怡宁连拿了两站女单冠军，气又盛了，下决心一定要拿单打世界冠军。

张怡宁有一次跟记者聊天聊起个人问题时，她先分析了自己的性格。她觉得自己更像孩子，和孩子处得有时也比和女友好一些。因此，要做她的男朋友，可不是一件容易的事，一定要忍耐性强。

现在不难得出这样的结论，张怡宁是孩子的"心性"——骨子里好强，外表随意。2001 年，张怡宁在技术上已经比较出众了，第 46 届世乒赛打得很好，对九运会的女单冠军也胸有成竹，结果在全运会女单决赛中，她大比分 2 比 0 领先王楠，又被翻盘，第五局只得了 5 分。她当时是被自己气坏了，最后一个球故意打下网，因为消极比赛，她受到了严厉处罚，不仅全队做检查，而且还被禁赛了三个月。这次风波对她打击也很大。

此后，她的成绩又出现起伏。2002 年，张怡宁获得了世界杯、巡回赛总决赛和亚运会女单冠军，2003 年 1 月份公布世界排名的时候，她第一次排到了首位。到了 2003 年巴黎世乒赛，从技术到心理她都是最好的时候，女单决赛又是她和王楠争冠军，这次她落后 3 盘，又追回 3 盘，最后还是输了。等到年底在香港世界杯输球之后，张怡宁对自己产生了怀疑，夺冠的信念已经开始动摇了。

四、从意外中感悟人生

张怡宁在回忆自己这段人生经历时，也充满了无限的感慨："我各种办法都试过了，全运会女单决赛，我非常有激情，失败了；巴黎世乒赛女单决赛，我非常沉稳，也失败了。我不明白为什么，觉得有点不理解自己了，这种感觉挺可怕的。"

那一段张怡宁太想拿冠军了，打好一点，感觉自己天下无敌；稍差一点，又觉得什么都不行了，思想起伏很大。而且心性大的孩子心事重，有些痛苦不愿意跟父母说，怕他们担心，有时候说话像祥林嫂一样，一点儿不着边际，说得主管教练李隼直蒙。

一个人一旦对自己的信念产生了怀疑，工作就非常难做了。张怡宁那时候急需一场荡气回肠的胜利把她"激活"。那时主管教练李隼也改变了教学方式，采取"话疗"，而且十次谈话九次是鼓励。整个女队教练组，包括总教练蔡振华都做了大量工作，主要调整她的信念，让她在思想上战胜自己。

张怡宁现在回忆起雅典奥运会前梦魇般的 4 年，如今有一种苦尽甘来的感觉。"四年里我什么苦头都吃过了，但这四年的学费没有白交，失败的经历成了我的财富，我今天拿了一个大的。蔡指导说我可以成为女队的领军人物了，我希望能做好这个领军人物。但是这个领军人物并不好当，我今后必须在各方面都非常严格要求自己，主动承担起更重的担子才行。"

激情创造成就的楷模

世界首富比尔·盖茨是如何成功的，如何发家的，如何成为世界首富的？许多人对这些问题感兴趣，下面我讲一讲世界首富比尔·盖茨成功发家成为世界首富的故事：

1973 年，美国利物浦市一个叫科莱特的青年，考入了美国哈佛大学，常和他坐在一起听课的是一位 18 岁的美国小伙子。大学二年级那年，这位小伙子和科莱特商议，一起退学，去开发 32Bit 财务软件，因为新编教科书中，已解决了进位制路径转换的问题。

当时，科莱特感到非常惊讶。因为他来这是求学的，不是来弄着玩的。再说对 Bit 系统，默尔斯博士才教了点皮毛，要开发 32Bit 财务软件，不学完大学的全部课程是不可能的。他委婉地拒绝了那位小伙子的邀请。

10 年后，科莱特成为哈佛大学计算机系 Bit 方面的博士研究生；那位退学的小伙子也是在这一年，进入美国《福布斯》杂志亿万富豪排行榜。1992 年，科莱特继续攻读，拿到博士学位；那位美国小伙子的个人资产，在这一年则仅次于华尔街大亨巴菲特，达到 65 亿美元，成为美国第二富豪。1995 年，科莱特认为自己已具备了足够的学识，可以研究和开发 32Bit 财务软件了；而那位小伙子则已绕过 Bit 系统，开发出 Eip 财务软件。它比 Bit 快 1500 倍，并且在两周内占领了全球市场，这一年他成了世界首富，一个代表着成功和财富的名字——比尔·盖茨也随之传遍全球的每一个角落。

在这个世界上，有许多人认为，只有在具备了精深的专业知识才能从事创业。然而，世界创新史表明：先有精深的专业知识才从事发明创造的人并不多，不少成就一番事业的人，都是在知识不多时，就直接对准了目标，然后在创造过程中，根据需要补充知识。比尔·盖茨哈佛没毕业就去创业了，假如等到他学完所有知识再去创办微软，他还会成为世界首富吗？

在这个世界上，似乎存在着这么一个真理：对一件事，如果等到所有的条件都成熟才去行动，那么你也许得永远等下去。

熟悉比尔·盖茨的人都知道，他这个人在行动上总是充满了激情，浑身上下散发着永不言败的精神。

正是在他充满激情的行动带领下，微软公司才从小到大由弱到强，成为了计算机领域里"霸主"。

1999 年，世界著名财富杂志《福布斯》，在公布全球富翁的名单中，比尔·盖茨再次以 900 亿美元遥遥领先，之后甚至有消息说，他的财富已超过 1000 亿美元，稳居世界首富之席。

比尔·盖茨创办并领导的微软无疑是最成功的公司之一，他本人无疑是最成功的商人之一。

　　细心的人们发现，比尔·盖茨的举止与他的成就总不协调。他说话语调尖锐高亢，满口俗话，态度傲慢甚至粗鲁。但是，在他的每一次行动里又隐藏着充沛的精力和高昂的情绪。无疑，这是他获取巨大成功的重要原因之一。因为有充沛的精力才可能有激情的行动。

　　比尔·盖茨从小欢快活泼，是一个高能量的孩子。不论什么时候，他都在摇篮里来回晃动。接着又花许多时间骑弹簧木马。后来，他把这种摇摆习惯带入成年时期，也带入了微软公司，摇动了整个世界。且让我们看看他是怎么激情行动并把他变成一种微软精神的。

　　首先，比尔·盖茨的睡眠习惯与法国的拿破仑很相似，他不习惯在被单上睡觉，总是往没铺好的床上一倒，拉过一条毛毯往头上一蒙，立刻沉沉地睡着了。在这段时间里，他不会因为屋里有什么响动而醒来，也不管会睡到什么时候。有时候，他起床时，还是凌晨三点。他的这种睡眠习惯一直保持到后来，即使在他功成名就后也是如此。

　　正如他的室友兹奈姆尔所说："不管是穿衣还是睡觉，比尔·盖茨似乎不太在乎那些他不关心的事情。"

　　比尔·盖茨熬夜，主要是为了电脑。就像在湖滨中学时一样，比尔·盖茨以极大的精力投入到电脑中，尽管他还没有确定自己一生的奋斗目标，但这却是他真心喜欢的事。他的这种拼命三郎的劲头，使每个认识他的人都觉得无论他最终爱上什么，他都一定会取得成功。

　　比尔·盖茨说："在微软成立之初，我几乎事必躬亲，掌管工资单、计算税利、草拟合同、指示如何销售我们的产品。我们这个小公司中的每个人都是开发人员，我也做了不少开发工作。事实上，我们都编写了大量的代码。我们的生活是这样的：起床、编程、也许赶上个电影、吃点儿比萨饼、再编程、在我们的椅子上睡觉。

　　"我们疯狂地编写程序、销售软件，我们几乎没有时间做其他的事。值得庆幸的是，我们的客户都是狂热的计算机爱好者，不会被功能的弱小、手册的简单和先进的用户界面所影响。这就是计算机软件当时的状况。一些公司把它们的软件装在一个塑料袋中销售，带有一张复印的使用说明和一个电话号码(你可以拨打这个电话寻求'技术支持')。对微软公司来说，当有用户打电话要求订购一些软件时，谁接到电话谁就是'送货部'。他们要跑到办公室的后面拷贝一张磁盘，把它放在邮件中，随后回到自己的座位上继续编写代码。

"尽管我们从一间装满程序员的房子发展成为了拥有38000多名员工的公司，微软精神与1975年没有太大的差别。我们仍旧努力工作、订比萨饼、喝可乐、彼此之间开玩笑。不论是否编写代码，每个人都对技术充满热情并且集中精力为我们的客户开发优秀的产品和服务。"

比尔·盖茨就是这样在工作上身先士卒，生活上平易近人，哪里工作最关键，哪里工作最艰难，比尔·盖茨就会出现在哪里。

比尔·盖茨和员工们同甘共苦，和大家一起摸爬滚打，大家几天几夜不睡眠，他也几天几夜不睡眠，而且有过之而无不及。盖茨每周工作六十至八十小时，已不是什么新鲜事情。在他的带动下，全体员工也变成了工作狂。他说过："这些人，每天都是一边工作，一边想着我要赢。"故此，在周末工作，并不是稀罕的事情，可以说是微软人常有的事。

无疑，比尔·盖茨本人这种工作狂热精神，感染了全体微软员工，尤其是那些软件程序设计师。他的工作热情本身就是一种无形的鞭策。"你在这样的公司工作，成天看到你身边的人，尤其是公司老板，都在努力工作，你自己难道还好意思慢吞吞地磨蹭？"一位来自卡耐基·梅农大学临时打工的大学生这样对人说。

只有激情，才会展示你人格的魅力和精神的力量，同时也会给你带来荣誉和成功。

怀抱理想，不言放弃

他曾经一度雄踞中国个人财富榜首位，是年轻人中无人不知、无人不晓的"中国 IT 风云人物"；他也曾经历过互联网的泡沫与寒冬，企业被美国纳斯达克停牌，甚至差一点被摘牌。丁磊，这位 35 岁的网易公司掌门人，经历了大喜和大悲的高峰与低谷，外貌年轻依旧，内心却更加沉静坚定。

丁磊是宁波奉化人。1993 年，他从中国电子科技大学毕业回到家乡，被分配到宁波电信局工作。

"因为从小受父亲影响，培养了我对电子信息的兴趣。大学我选择了通信专业，学微波通信。"当时，这恰是学校最难分配的专业。到了宁波电信局之后，丁磊在机房工作，一待就是两年。

这两年是丁磊在创办网易之前供职时间最长的一个机构。尽管只是在机房工作，但丁磊至今觉得受益匪浅。他在这里学习了 unix 操作系统，并和同事一起学习了电信网络的一些基础知识。更重要的是，这份工作使他意识到：未来，互联网将会很快超越单纯的话音服务，开拓更为广泛的天地。

他把自己的想法和总工程师沟通，但没有人相信。"结果我选择了自己。"

1997 年，丁磊在广州创办了网易。起这个名字，意思是希望互联网非常容易。在这里，他看到了网络的不断转型、变化和进步，也看到很多互联网企业在这个行业中沉沉浮浮。

"网易在发展过程中也曾遇到过挫折和困难。"在管理上，丁磊也同样遇到过很多挑战。2000 年，网易在美国纳斯达克上市，一时间万众瞩目。可是仅仅一年以后，网易就在纳斯达克惨遭停牌命运，甚至差一点被摘牌。

2001 年，遭受巨大挫折后，丁磊去听了中欧管理学院的课，这堂课让他觉得受益匪浅。当时，老师介绍他看两本书。一本是《基业常青》，讲述如何经营一个超过 50 年的企业，书中介绍了索尼、惠普、摩托罗拉等企业是怎样成为长盛不衰企业的。第二本是《从优秀到卓越》。丁磊在听完之后请中欧管理学院的老师到公司讲课，企业的 60 余位中层干部都听了这堂课。"它让我们扭转了对企业经营的错误看法和毛病。"丁磊说。

2002 年，丁磊和他的团队毅然决定，做短信和网络游戏。丁磊将这一行为戏称为"用浙江人很简单的思维，抓住了商业的本质"。与此同时，经历过教训的丁磊深刻认识到，如何提高竞争力，并在执行过程中建立起足够的竞争力，让对手不能简单地抄袭和模仿自己的产品已成当务之急。

2005年，网易在中国获得了9.32亿元的净利润。目前，企业共有员工1600多名，绝大多数员工从事着产品的研发工作。丁磊坦言，在他管理公司的9年中，最深刻的体会是：互联网不仅仅是一个靠创新才能生存下来的企业，每个行业，包括传统行业、企业都需要创新，并不是IT业就需要创新多一些。企业顺利实现盈利的最重要一点是：在经营企业过程中，做产品一定要以消费者的需要为价值导向。"用户需要什么，我们就要尽可能地满足用户的需要和利益。但这不是个别人的利益，而是绝大多数人的利益。"

美国《财富》杂志推出的2003年全球40岁以下40位富豪的排行榜，中国内地有6位榜上有名，网易创始人丁磊位居第14位。在2003年的《福布斯》"中国百富榜"中，丁磊以持有网易公司58.5%的股份（当前市值约合人民币76亿元），位居"2003年福布斯中国富豪榜"第一名。但丁磊依然过着简朴的生活，据说，他一个月的生活开支很少超过4000元。

丁磊到底是个什么样的人？让我们探寻他成功背后的故事，他的经历和经验，相信对很多人而言，都是一种借鉴和无形的力量。

大学毕业后，丁磊回到家乡，在宁波市电信局工作。电信局旱涝保收，待遇很不错，但丁磊觉得那两年工作非常地辛苦，同时也感到一种难尽其才的苦恼。1995年，他从电信局辞职，遭到家人的强烈反对，但他去意已定，一心想出去闯一闯。

他这样描述自己的行为："这是我第一次开除自己。人的一生总会面临很多机遇，但机遇是有代价的。有没有勇气迈出第一步，往往是人生的分水岭。"

他选择了广州。后来，有朋友问他为什么去广州，不去北京和上海？他讲了一个笑话：广州人和上海人，其实就是南方人和北方人的比较，如果广州人和上海人的口袋里各有一百块钱，然后去做生意，那上海人会用50块钱作家用，另外50块钱去开公司；而广州人会再向同学借100块钱去开公司。

初到广州，走在陌生的城市，面对如织的行人和车流，丁磊越发感到财富的重要性。最现实的是一日三餐总得花钱吧？也不可能睡在大街上成为盲流吧？那时，丁磊身上带的钱不多，他得省着花，因为他当初执意要打破"铁饭碗"，现在根本不容许自己混到走投无路的时候还要靠父母接济。那时，他最大的愿望就是希望能找到一份工作，哪怕钱少一点，但总比漂泊着强。

不知道去多少公司面试过，不知道费过多少口舌，凭着自己的耐心和实力，丁磊终于在广州安定下来。1995 年 5 月，他进入外企 Sebyse 工作。

最初的日子是艰难的，后来，一位熟知丁磊的女性朋友说，他后来精湛的"厨艺"和"古筝"弹奏，从某种程度说，就是那段日子"苦中作乐"的明证，也可以说是这种乐观和勤劳的性格，成就了今天的这位"首富"。

丁磊喜欢吃上海菜，但那时收入不高，不可能每天都能到馆子里去潇洒，而且很多广州做的上海菜都不是原汁原味，于是他亲自到市场去买菜，亲自下厨。平时工作很忙，他就利用周末时间，给自己做个"醉鸡"或者清蒸鲫鱼，算是犒劳自己。

在 Sebyse 广州分公司工作一年后，丁磊又一次萌发离开那里和别人一起创立一家与 Internet 相关的公司的念头。在当时他可以熟练地使用 Internet，而且成为国内最早的一批上网用户。

离开 Sybase 也是丁磊的一个重要选择，因为当时他要去的是一家原先并不存在、小得可怜的公司。支撑他的唯一信心就是，他相信它将来对国内的 Internet 会产生影响，他满怀着热情。当时，除了投资方外，公司的技术都是他在做。也许是在 1996 年他还只有技术背景，缺乏足够的商业经验，最后发现这家公司与他当初的许多想法发生了背离，他只能再次选择离开。

1997 年 5 月，丁磊决定创办网易公司。此后，在中国 IT 业，丁磊成了足以浓墨重彩的一笔。出名后的丁磊对于金钱的要求，还保持着当初到广州时的艰苦作风。他说年轻人少花点钱，也许就少了一样诱惑，但老人不同，他现在琢磨的是怎么找个放心的人，教会父母花钱——因为他每次汇给家里的钱，父母都给他存着，他们认为孩子在外面挣钱不容易，攒着的话，还能在他需要的时候派上用场。到现在，老家的电话还是个无绳的，煲水的壶用了七八年还没换成热水器。

网易移居北京后，在公司队伍建设方面有了很大改进。没有很多股东在背后指手画脚，也不存在历史积淀或创业者本身带来的消极因素，公司发展很快。在公司经理层会议上，CEO 丁磊经常受到批评，说他这做得不好，那做得不对，他总是能谦虚地接受，"有人批评，工作才能做得更好"。

一个人想要实现自己的目标，除勤奋外，就是要积极进取和创新。从创业到现在，丁磊每天都在关心新的技术，密切跟踪 Internet 新的发展，每天工作 16 个小时以上，其中有 10 个小时是在网上，他的邮箱有数十个，每天都要收到上百封电子邮件。

他认为，虽然每个人的天赋有差别，但作为一个年轻人首先要有理想和目标。尤其是年轻人，无论工作单位怎么变动，重要的是要怀抱理想，而且决不放弃努力。

丁磊出生在一个高级知识分子家庭，他四五岁的时候，也很淘气，但不是像别的孩子一样整天在外面调皮捣蛋，而是喜欢待在家里摆弄他的小玩意：一些电子管件、半导体之类的东西。丁磊的父亲是宁波一个科研机构的工程师，后来丁磊迷上无线电，很大程度上是受了父亲的影响。初一的时候，他组装了自己的第一台六管收音机，在当时，那是一种最复杂的收音机，能接受中波、短波和调频广播，这项发明，在当地一时传为佳话，都说丁家出了个"神童"，长大以后一定是当科学家的料子。

丁磊现在没有成为科学家，他成了富有的企业家。但他本人还是在技术方面动脑筋，他所在这方面有一点聪明之处，但如果没有积极进取，没有在技术方面不停地摸索，也不会有熟能生巧的本领和一些创新。

丁磊的大学时期，用传统眼光看，他并不是一个好学生。除了第一个学期他每天按时作息之外，其他三年多时间，第一节课他是从来不去上的，因为他很困惑，难道书本上的知识一定要老师教才会吗？同时，他觉得眼睛还没睁开就去听课效率一定不好。

丁磊说，大学四年，他最大的收获就是学会了思考。而思考这种意识形态的东西，是任何人都无法强灌输进去的。

因为没有听第一堂课，又不得不做作业，所以他会很努力地去看老师上一堂讲的东西，会很努力地去想老师想传达什么样的消息。在这个过程中，他很快掌握了一种重要的技巧，那就是思考的技巧。

后来在接触到 Internet 的时候，他才知道这种技巧对他是多么的重要，因为 Internet 在刚进入中国的时候，没有人知道它是什么样子的，也没有一本书很系统地告诉你 Internet 的整个结构、里面的软件以及其他一些东西。

走这样一条路，丁磊经历了比别人更多的困难。丁磊最苦的日子是 2001 年 9 月 4 日。这一天，网易终因误报 2000 年收入，违反美国证券法而涉嫌财务欺诈，被纳斯达克股市宣布从即时起暂停交易。随后又出现人事震荡。丁磊经历了无数个不眠之夜，他也曾心灰意冷过，但家人的鼓励起了很大的作用。父亲说：人生哪能不遇到挫折，挺一挺也就过去了，大不了从头再来，你还年轻，有点失败的经验未必是坏事。苦难终于没有把他压倒，直到 2003 年 6 月 6 日，网易再创历史新高：每股 34.90 美元。

从垃圾股到今日的中国概念"明星"，网易的转变让人觉得像个神话。对此，丁磊说："我已经 32 岁了，从意气风发的时期到了成熟思考的阶段。因此我的心情不会随股价的涨跌而变化，特别是我个人不会因为财富的多少影响到我的未来生活、工作及思考问题的方式。"而对于有网站评选"金牌王老五"把他名列第三，他则一笑了之。

成功背后的性格因素

孤独困境中的顽强拼搏

开普勒是发现了天体运行三大定律的德国著名天文学家。他是一位不任由上帝的安排，凭借顽强拼搏、不屈不挠的性格，敢于改变自己命运的勇士。

开普勒出生不久就连连遭殃，先是天花让他变成了麻子，后是猩红热毁坏了他的眼睛。当他刚刚上学读书的时候，父亲又因负债累累，无力供他继续学习。于是他只得呆在自家经营的小客栈帮忙。长大了，他却只能娶个寡妇做老婆，因为他穷，婚后的生活负担更加沉重，一家人一贫如洗。

可是这种种的不幸并没有使他消沉和屈服，他始终坚持不懈地继续着自己的爱好——研究天文学。他得到了天文学家第谷的支持，于是他决心去布拉格和第谷见面。可当他千辛万苦到达布拉格后，没过几天，第谷却与世长辞。这使开普勒在事业和家庭上都陷入了严重的困境。屋漏偏遭连阴雨，不久妻子就扔下两个孩子去世。这一切使他几乎崩溃，可他硬挺住，而且仍坚持他的天文学研究，没有放弃自己的事业追求，最终发现了天体运行三大定律，开创了天文学的新篇章，使自己名载史册。

开普勒的一生，大部分时间处在孤独、不幸与独立奋斗中。第谷的后面有国王，伽利略的后面有公爵，牛顿的后面有政府，但是开普勒的后面只有疾病与贫困。可是他仍然功勋卓著，凭借的是什么呢？是性格。

迷茫中的勇于尝试

林肯（1809—1865）是美国第 16 任总统，当职期间签署了著名的《解放黑奴宣言》，将奴隶制度废除。马克思曾对他做出这样的评价："一位达到了伟大境界而仍然保持自己优良品质的罕有的人。"使他成为美国人的敬仰偶像的根源是什么？不是历史给他的机遇，不是上帝给他的指引，是他顽强的毅力和坚强的性格。

马维尔是法国的一位记者，曾经去采访林肯。

他问："据我所知，上两届总统都想过废除黑奴制度，《解放黑奴宣言》早在他们任职期间就已起草好了，可他们最终未能签署它。总统先生，他们难道是想把这一伟业留给您去成就英名？"

林肯笑道："可能是吧。但是如果他们意识到拿起笔需要的仅是一点勇气，我想他们一定非常懊丧。"

马维尔似懂非懂，但还没来得及问下去，林肯的马车就出发了。

林肯遇刺去世 50 年后，马维尔偶然读到林肯写给朋友的一封信，才算找到了答案。林肯在信中谈到了他幼年时的一段经历：

> 我父亲在西雅图有一处农场，里面有许多石头。正因为这样，父亲才能够以低廉的价格买下来。有一天，母亲建议把那些石头搬走。父亲却说："如果那么容易搬，主人就不会这么便宜卖给我们了，那是一座座小山头，都与大山紧紧连着的。"
>
> 过了一段日子，父亲去城里买马，母亲和我们在农场干活。母亲又建议我们把这些碍事的石头弄走，于是我们开始一块一块地搬那些石头。很快，石头就被搬走了，原来那只是一块块孤立的石块，并不是父亲想象的与山相连，只要往下挖一英尺，就能把它们晃动了。
>
> ……

　　有些事情，人们之所以不去做，仅仅是因为他们觉得不可能。

　　其实，有许多不可能，仅存在于人们的想象之中而已。

　　此时马维尔已是76岁的老人了，也就是在这一年，他下决心学习汉语。三年后，1917年，他在广州以流利的汉语采访了孙中山。

　　这则故事告诉我们，成功的机遇其实就在眼前，只要我们有敢闯敢拼、勇于尝试的性格，就能把机遇握在手中。如果林肯是个安于现状、唯唯诺诺、优柔寡断、不堪一击的人，那么他可能只是个过眼云烟的总统，或者根本就当不了总统，黑奴可能今天都得不到解放；如果马维尔只图安逸、不思进取，他又怎么能在晚年学会汉语，有机会和孙中山一叙呢？

逆境中的坚持自我

　　莎莉·拉斐尔是美国著名的电视节目主持人，曾经两度获奖，在美国、加拿大和英国每天有800万观众收看她的节目。可是她在30年的职业生涯中，却曾被辞退18次。

　　开始，美国大陆的无线电台都认定女性主持不能吸引观众，因此没有一家愿意雇佣她。她便迁到波多黎各，苦练西班牙语。有一次，多米尼加共和国发生暴乱事件，她想去采访，可通讯社拒绝她的申请，于是她自己凑够旅费飞到那里，采访后将报道卖给电台。

　　她在1981年遭到一家纽约电台的辞退，因为她跟不上时代，此后一年多她没事可做。后来她有了一个节目构想，先后向两位国家广播公司职员推销。他们都说她的构想不错，却都很快失去了踪影。最后她说服第三位职员，受到了雇佣，但她只能在政治台主持节目。尽管她对政治不熟，但还是勇敢尝试。1982年夏，她的节目终于开播。她充分发挥自己的长处，畅谈7月4日美国国庆对自己的意义，还请观众打来电话互动交流。节目很成功，她也很快成名。

　　拉斐尔总结自己的成功经历，发自内心地说："我被人辞退了18次，本来大有可能被这些遭遇吓退，做不成我想做的事情。结果相反，我让它们鞭策我前进。"

正是这种不屈不挠的性格使拉斐尔在逆境中避免了一蹶不振、默默无闻的一生，从而走向了成功。

平淡中的坚毅果敢

霍英东这个名字众人皆知，在他名下有"立信建筑置业""信德""有荣"等六十多家公司企业，经营范围涉及航运、房地产、石油、建筑、旅馆、百货等多个行业。他还曾任国际足联执委和世界羽毛球联合会名誉会长、全国政协常委、香港中华总商会副会长、香港房地产建设商会会长等多个职务。

霍英东当初也只是个社会底层穷人的孩子，他是怎么走到今天这样的辉煌的呢？

霍英东 1922 年生于香港。童年时，全家人常年漂在舢板上。7 岁时，父亲因暴风雨死在海里，生活的重担从此压在他母亲肩上。他们后来还和许多患有肺病的穷房客共住过一层旧楼大通间。当时母亲靠代外轮将煤灰转运到岸上的货仓这一小本生意，收取微薄佣金养家糊口。母亲和英东的姐姐省吃俭用，送他去上学。据他回忆："当时我在学校勤奋读书，课余协助母亲记账、送发票，由于日夜奔忙和营养不良，一天下来已是精疲力尽。"抗日战争的爆发使霍家生活更为艰难。英东无奈放弃学业去当苦力。18 岁那年，他找到了第一件差事——在轮渡上当加煤工，但由于工作不力被老板炒掉。他还去日本人扩建机场工地当过苦力，每天的报酬是半磅米和七角钱，每天只吃一块米糕和一碗粥，常常饿得头晕眼花。有一天由于不慎，他的一个手指被一个 50 加仑的煤油桶生生砸断，工头可怜他，让他去修理货车，这是较轻的工作。一个营养不良、体弱无力的年轻人当搬运工，其艰辛可想而知。一天，他试着驾车，可登上的是一辆有毛病的车，刚一启动就撞了，老板一怒之下将其解雇。后来他还当过铆钉工、制糖工等。少年时代的种种艰辛，生活的坎坷，培养了他自强不息的奋斗性格。

二战结束后，当时的香港对运输这一行业需求迫切。霍英东看准这个行情，在亲友的帮助下，抢先买了一些廉价运输工具，转手很快获利。紧接着朝鲜战争爆发，他抓住这个时机，在友人的资助下，开办驳运业务。由于善于经营，智慧和胆识过人，事业发展很快，在香港航运界已崭露头角。但他并不满足于运输业上的成就。朝鲜战争结束后，他看到香港房地产业大有发展潜力，便毅然向房地产业进军。1954 年他筹建了"立信建筑置业公司"，开创了大楼分层预售的先例。公司发展速度惊人，创办不几年，便打破了香港房地产的纪录。

果断、敢冒风险和坚毅的性格特点，无疑是霍英东事业成功的重要因素。霍英东的事业虽然已经在多个行业获得成功，但他并不满足不前，而是继续向新领域进军。20 世纪 60 年代初，"淘沙"这个行当是香港工商界许多有识之士都不敢干的事。原因是这行当用工多，获利少，赚钱难。而霍英东却在1961 年底，去英国考察途经曼谷时以 120 万港币从泰国政府港口部购买了一艘大挖泥船，这艘船长 288 英尺、载重 1890 吨。后来他将其改名编列为"有荣四号"，淘沙事业从此有了长足的发展。他还派人去世界有名的造船厂家购买了一批专用机械淘沙船。经营上他颇有特点：不图一时之暴利，而是与香港当局签订长年合同，稳妥获利。不久，他独得了香港海沙供应的专利权，成为香港淘沙业的头号大亨。仅仅两年多的时间，"有荣"业务便兴隆昌盛起来，大小船只八九十艘，挖泥淘沙专用船也有 12 只以上。

改革开放后，霍英东响应党中央和政府的号召，积极在祖国投资，广州白天鹅宾馆以及中山温泉宾馆等就是他在国内的部分投资项目。党和国家的领导同志，对霍英东先生对祖国建设事业的支持和帮助给予了很高的评价。

创业时的稳妥与勤奋

包玉刚，是历史上赫赫有名的"青天"大老爷、宋代龙图阁大学士包拯第二十九代孙，20 世纪 90 年代闻名于世的"世界船王"，香港环球航运集团主席。包玉刚拥有商船达 200 多艘，总排水量为 2000 万吨，价值约 10 亿美元。

他的航运集团的分支机构遍布全球各大洲，漆有"W"标记的香港环球航运集团的船队航行于全球海洋之上。无论从船只的数量还是从吨位来看，希腊的尼亚克斯、奥纳西斯或美国的路德维克等等都要逊其一筹。

包玉刚于 1918 年生于浙江宁波，13 岁小学毕业以后即离开家乡。由于抗日战争爆发，他没能读完大学，暂且在内地一家银行工作。抗战胜利后，他到上海某银行任副经理。后来国民党败退，他和家人先后迁往香港。1955 年包玉刚分析了世界经济动向后，选择了经营航运业，否定了父亲集中资金搞房地产的想法。他认为房地产是死的，只收租，受限制很大，而船是活的，且航运业涉及金融、贸易、保险、造船等行业，是一种国际性的活动，具有广阔的前途。但他的亲朋好友都认为航运业风险太大，劝他改主意。但他决心已定。当他去英国借贷时，伦敦友人也劝他说："你年纪还轻，对航运一无所知，小心把你的衬衫都赔光。"他回到香港又向汇丰银行借贷，汇丰银行也不肯借，说华人不懂航运。碰了两次壁，但他并不灰心，最后向日本银行贷款成功。他随后用 77 万美元的价格，买了一艘已用了 28 年、排水量为 8000 吨级的破货船，改名为"金安"号，从此踏入航运界，开始了他的海上船舶租赁业务。但一开始包玉刚对这个行业十分陌生，甚至连左舷和右舷都分不清，可他并不畏惧，全力以赴，勤奋学习，很快就熟悉了业务。1956 年，苏伊士运河由于战争被封闭，这给了包玉刚发展的机会。他把"金安"号租给一家日本公司从印度往日本运煤。由于包玉刚有着良好的经营作风和信誉，在不到两年的时间内，他已拥有七条货船。

包玉刚在事业上获得成功，与他坚毅、果断、平易近人、敢于冒险、勤奋上进的性格密不可分。有人这样评价他的性格：对待朋友十分热诚；为人既不保守也不冲动；精力充沛，富于中国人的好胜心；对所欲达到的目标极有耐心，在竞争十分激烈的航运业中，是个小心谨慎的"保守分子"，兢兢业业的"海上霸王"；总是能够准确把握局势，采取无误的行动；对自己要求严格，不抽烟，不喝酒，更不会像很多的富人那样寻花问柳，真正做到了富贵不淫。在外国人的眼里，包玉刚是一个规矩的"正人君子"和"拘谨的东方人"。他笑口常开，乐观处世，还喜欢体育锻炼。他说过这么一段话："有人遇到困难就说'哦，对不起'。可我不那样。比方说游泳（包坚持每天早泳15分钟），遇到大风或下雨有的人会说'算了吧'，可我却不在乎。只要我认为这件事对我有益，我就会坚持干下去。"

成功来自性格的优化

"生活的矛盾、冲突大部分都源自我们的性格。性格决定命运。"被誉为"影响一代中国人性格的人"的性格成功学专家杨滨这样说道。

他这样讲述自己的故事："小时候我很调皮，常常挨打——对某些特定的人来说，某些方法是管用的，某些方法是不行的——可是，在我们父母亲的那一代，他们没有这种底蕴去理解这种事情。在不同的时代，父母有不同的教育方式。

"15岁那年，我很想学吉他。可是那时家里多穷啊！一个星期里面，有4天吃馒头、2天吃粗粮。我怎么能要求父亲买吉他给我呢？于是我就向朋友借了吉他回来。借来的东西，不论是书还是吉他什么的，往往就学得特别快。可是弹着别人的吉他毕竟和弹着自己的吉他意义不一样。我还是一心一意要有自己的吉他。

"于是我就到砖场找散工来做。1983年，中国还没听过'打工'这个字眼。可是我已经自找门路去实现自己的愿望了。我在砖场把砖头装上车，然后到了工地，又把砖抬下来。每天工钱三块五。我干这份工作两个月，60天总共赚了210块人民币。再加上32块钱，才买到自己心爱的吉他。

"这是我第一次如此强烈地追求自己的梦想。在大学时期，我开始唱歌，和一群朋友组社研究吉他。我还参加足球、篮球、武术等活动，这使我的性格在团体中获得很大的磨炼。我那时开始立志要做一个可以发挥自己才能的人。

"毕业后，我到深圳去，第一次离开父母去磨炼自己，面对人生的挑战。但是我到了深圳一个月都没有找到工作。我读的是建筑专业，竞争很激烈。

我睡最便宜的工棚，从最普通的职员做起。经过多年以后，才升职成经理。

"我在这样的经历里体会到成功不是靠偶然，而是有必然的努力。人的一生，要么上升，要么下滑。但是担任高职几年后，我发现自己慢慢地麻木了，没有想要再上升的感觉。这不是我的性格所追求的。我喜欢发挥自己的潜能。那份工作不是我的兴趣。

"我相信，把老虎的牙拔掉，它也不会变成猫。有一天，我偶然听到某个激励课程，从此就开启了另一扇门。然后我自己开设公司，搞地产，搞市场策划。通过自己的成功或失败，我和别人分享管理的经验。后来我走上讲台讲营销学，竟然很受欢迎。我就这样慢慢为自己定位，慢慢地找到一个方向，把性格学说整理成一个系统……直到今天。

"这个社会以人为本，万事万物离不开人。要解决问题，我们必须理解人就是问题的根源。一把钥匙只能开一把锁，对不同的人就得有不同的对待方式。

"不同的性格特质有不同的思维方式。我们的性格40%源自基因，60%源于生活环境，环境的因素包括宗教、信仰、家庭、经济条件和教育背景等多种因素。

"我们老说江山易改，本性难移。性格改不掉的原因，是因为它和我们的生活习惯浑然一体。有些行为老是改不掉，不是因为你不知道它不好，而是因为它深深埋入你的生活里头，成为一个难以自拔的习惯。

"因此要消除坏的性格，得要下定决心。增强决心的其中一个方法，就是跟那些有你所没有的优点的人相处，让你能被感染，变得更好。"

……

失败背后的性格因素

自由散漫，天才也会失败

柏林城曾经有三样东西不可不看：KUDAMM 商业街区，柏林动物园，还有来自巴西的足球天才阿尔维斯。可是 2003 年的一个周六，柏林赫塔足球俱乐部经理小霍内斯却宣布："下赛季阿尔维斯将不再为赫塔效力，他即刻返回巴西，到新东家米内罗竞技报到。也许星期四，阿尔维斯就会出现在巴西联赛赛场上。"

没几天，阿尔维斯就踏上了归途。随着机舱的关闭，失去了阿尔维斯的柏林城少了一位天才球员和"演员"，从此失去了一道独特的风景线。

在柏林的三年多，阿尔维斯表演过无数闹剧。刚到柏林没几天，他就大放厥词："我比埃尔伯强多了！"他在一次电视采访中大发雷霆，竟然是因为主持人没有兑现承诺——主持人曾开玩笑说要带给他一个甜面包；训练迟到是他的老毛病，他经常编出诸如"开不开停车场的门"之类的荒唐理由来欺骗教练；一次受伤后，队医为他做全身 X 光透视，他突然爬出检测床，因为他饿了，要出去吃点东西……

阿尔维斯留给柏林球迷唯一的美好回忆是：2000 年赫塔客场挑战科隆，他在球门 50 米外一脚劲射，球飞过半场应声入网……

阿尔维斯在赫塔总共度过了 1231 个日夜，在德甲赛场出场 81 次，进球25 个。

高价购进阿尔维斯是柏林赫塔最亏本的一桩买卖。阿尔维斯 1999 年以

850 万欧元身价由巴西克鲁塞罗转会来到柏林赫塔，年薪高达 230 万欧元。此次阿尔维斯是以租借形式返回巴西的，而赫塔与他签订的合同到 2004 年 6 月才终止，未来的一年，赫塔仍然要为他支付 75 万欧元的工资。即便如此，小霍内斯仍然很高兴早日清除了这个累赘。过去的三年，阿尔维斯三次因为无照驾驶被起诉，光是罚款俱乐部就为他交了 13 万欧元。

自由散漫、不负责任的性格缺陷使足球天才阿尔维斯失去了在德国发展的机会，失去了许多人的信任，失去了球迷们的追捧。性格既已如此，那么不难想象，无论到哪里，他都会慢慢地让人难以忍受，他的天才生涯会大打折扣。

没有主见，神仙也救不了你

小张 20 岁那年，拥有一个大型集团的父亲把属下的一家大酒店交给了他，目的是希望他通过打理这家酒店锻炼和培养自己的管理才干。他深知父亲的良苦用心，因此起早贪黑，全心全意地管理着这家规模不小的酒店，虽然酒店生意不是十分的火爆，但总算还过得去。这时有朋友出主意说，酒店应该推出一个主打产品，如今火锅行俏，不如将大酒店改建成火锅城，生意会更好。他听了觉得有理，便投入 20 万元将所有餐桌都进行了改装，又添置了不少设备。可运行了一段时间，生意并不见好。于是又有朋友建议说，现在人们的生活节奏快了，中式快餐挺热门的，不如将酒店改作专营中式点心的快餐厅。听听这个主意也蛮有道理的，他又投资 10 多万对酒店作了改建。这样折腾来折腾去，一年多工夫改了四次，投进去 50 多万，却没有多少回报。难以为继的他垂头丧气地来到父亲面前求救。父亲听了汇报后只问了他一句话："你把失败的原因都归结为朋友的点子不行，那么作为一个总经理你自己的主见在哪里呢？"

本来还过得去的酒店，就因为这个没有主见的年轻人而搞糟了，这是多么惨痛的教训啊。假如他能够正确地对待别人的建议，通过自己的理性分析再作出决策，而不是盲目地相信别人，应该也不会跌得这么惨。

心胸狭窄，前途自然也窄

小李原本是一名中学教师，去年他参加了某区的处级领导公开选拔考试，以优异的成绩被录用，年纪轻轻的就当上了某街道办事处的城管副主任。由于在基层工作的实践经验较少，有些事情常常处理得不太到位，但是大家都很体谅他，觉得他还是很有能力的，只要锻炼一阵子就会很称职了。一次，上级要来检查工作，考虑到事关紧急，城管科的同志就没有通过小李这位分管领导，而直接向街道主任作了汇报和请示。他得知后，心中很不满意，继而开始怀疑街道里的同志嫉妒自己，有排外迹象等等，从此他与同志们的关系就紧张了起来，慢慢的，大家对他的疑神疑鬼也逐渐有了看法。一年试用期届满的时候，他终因考察不合格而未被正式任用。

好可惜啊，心胸狭窄的性格缺陷使得好不容易考取的职位转眼间又化为泡影。其实作为一个年轻得志的人，尤其要懂得宽宏大度，即使真的认为别人有什么做得不对的地方，也完全不必疑神疑鬼地胡乱猜疑，大可以直接向他们提出来，这样或许会有更多消除误会的机会。

目中无人，让你没有人缘

阿云是一家化妆品公司的推销员，她人漂亮，口才又好，因此在部门里的业绩总是遥遥领先。虽然同部门里有许多年纪相仿的女孩，但她从不与她们来往，因为她觉得她们素质差，所以打心眼里瞧不起她们。前不久，部门经理跳槽去了另一家公司，要重新物色经理，阿云自然是最热门的人选。但是公司领导层考虑到部门经理不仅要自己的业绩好，更要善于组织大家共同创造业绩，因此必须得到大家的信任。于是公司组织了一次民意调查，结果阿云由于大家不支持而未能当上经理，而另一位原本被她看不起的女孩却成了她的上级。

在我们的周围的确有不少年轻人像阿云一样，因为自己的优秀而自我感觉很好，结果往往得不到别人的欣赏和支持，这种性格上的毛病使得一些原本很不错的年轻人处处碰壁：有的在找工作的时候高不成低不就，有的在工作中自己把自己孤立起来。所以年轻人切莫忘记：谦虚使人进步。

粗枝大叶，前途渺茫

小袁是一个不拘小节的小伙子，在大学里，他深受同学们的喜欢，人缘特别好。

可就是这样一个豪爽的年轻人，踏上工作岗位后，竟然过得十分不顺利，与他共事的同事们一开始对他都挺好的，可过不了多久，一个个就避之不及，到最后，偌大一个部门竟然没有一个人愿意与他搭档共事。究其原因，还是他那粗枝大叶的性格害了他，因为他不拘小节，与他共事的女同事往往要承受别人的流言；因为他的粗心大意，还常常造成工作上的失误，使同事们不得不与他一起返工。这样的性格，也难怪他会越来越不受欢迎了。

这是一个竞争的社会，任何一次的疏忽都会导致失败，何况有粗枝大叶的性格，那就更加危险了。因为在学校里，你马虎一点粗心一点没有人会来苛求你，但是走上社会就不同了，你的粗心和马虎不仅可能会影响到别人的成功，而且还会成为别人攻击你的有力佐证。

性格不稳，会失去别人的信任

洪源是某局机关的办事员，他为人谦逊，吃苦耐劳，而且整天开开心心，蹦蹦跳跳，像个孩子一样，与大家相处得蛮和谐的，大家也都像对待自己的小弟弟般地爱护他，夸他这样实在的年轻人如今真不多见了。转眼间，老科长就到了退休的年龄，局里打算提拔年轻干部，就排出了三名科长候选人，洪源无论是业务能力还是工作经验都列在第一位。最近，局领导找老科长了解几个科长候选人的情况，当谈到洪源的时候，老科长先是肯定了他的许多优点，最后给他提了唯一的一个缺点，就是说他孩子气太重。结果，正是这个缺点，使他失去了晋升的机会。

仔细想想，老科长的话和局领导的决定也并不是完全没有道理的。年轻人本来就容易给人产生"嘴上无毛，办事不牢"的印象，假如再没有稳重的性格，让他当领导怎么"镇"得住阵脚呢？

死要面子，是性格上的一个缺陷

小毛大学毕业后，找了很多单位都觉得不太称心，但由于没有任何背景，加上工作阅历也十分有限，所以至今只能在一家与专业毫不相干的公司里委屈地当一个小小的文书。一次，小毛偶然遇到了大学的同班同学张声，一阵寒暄后小毛才知道，原来张声如今竟已是一家著名的大型网络公司的执行总裁了。张声对小毛说："凭你的专业知识，在别人那里当小文书简直是莫大的浪费，到我们公司来吧，我们正缺一位负责软件开发的业务经理，你一定能胜任。"这真是天赐良机！小毛激动得心里怦怦直跳。但是转念一想，在大学里张声的成绩远不如自己，现在却要到他手下去工作，今后见到大学的同学们，那该多么的丢脸！想来想去，最终小毛还是放弃了这次难得的机会，如今仍旧心不甘情不愿地当着他的小文书。

如今的社会是"能力+机遇"的社会，张声虽然在大学里的成绩不怎么样，但是事实已经证明他是一个有能力的年轻人。而小毛虽然有某方面的才华，却一直缺乏机遇，这个时候对于小毛来说，一次难得的机遇比什么都重要，可他居然会因为怕在同学面前丢脸（其实也并没有什么好丢脸的）而放弃已经来到面前的机遇，这并不能算是什么骨气，只能算是死要面子，这种性格上的问题无疑会让成功一次次地从其面前溜走。

自信不等于固执己见

张经理年富力强，胆识过人，在他的经营管理下，他们这家小小的纺织品外贸公司搞得红红火火，业务量扶摇直上。在成绩面前，张经理变得越来越刚愎自用，下属们的合理建议他根本听不进去，只要他决定了的事，谁也别想反对，否则就会挨他的训斥。前年年底，张经理的一个朋友介绍来一笔韩国的 86 万美元的丝绸服装订货业务，当时对方只预付了 1% 的定金，财务处长忍不住提醒张经理："如今韩国还未从金融危机中完全复苏过来，如此大的高档服装订货量实在有些令人生疑，况且定金又付得这么少，得多长个心眼。"没想到张经理火了："我自己的朋友还没数吗？你啰嗦什么？!"结果货发出去后真的没了下文，原来是张经理的朋友为了还债利用了他。事后货款虽然通过法律渠道追了回来，但张经理还是因为失职而被董事会宣布免职。

能力强的人往往容易成功，但是能力强的人又常常容易过分自信。对于能力比较强的年轻人，我特别想奉告一句，要注意多听取别人的不同意见，尤其是当大家都反对你的意见时，一定要冷静下来，千万不要再固执己见。

患得患失必失机遇

10年前，小王大学毕业后分配到了某大型工厂办公室工作，但是他并不安于现状，一心想寻找更好的发展机遇，于是他十分留意报纸上的招聘启事。一次，一家新创办的报纸招聘记者，小王就偷偷地跑去报考，结果一举考中，报社的领导对小王的各方面条件都非常满意，让他尽快办理调动手续，可他得知记者实行的是聘用制后，就开始动摇了，毕竟自己捧的还是个铁饭碗，当了记者要是干不好怎么办？聘用制可是没有退路的啊，结果就打了退堂鼓。后来，他的几个朋友下海创业，邀请他加盟，他虽然挺动心的，但权衡了半天最终还是没有勇气放弃已有的稳定工作。就这样十年一晃而过，当时一起报考报社的朋友都已经成了颇有知名度的记者，下海创业的朋友们也已经拥有了自己的公司和数百万的资产，而小王所在的工厂却由于效益连年滑坡，不断地进行裁员，他的危机感与日俱增，但是再想找新的出路已经很难，因为他已不再具有年龄和知识上的优势了。

我们作出的任何一项选择，都会有所得有所失，所以认定了目标，就要义无反顾地跨步前进，万万不可瞻前顾后，患得患失，以致丧失机遇，悔之晚矣。

第二章　你究竟属于什么样的人

　　人类历史的第一个前提无疑是个人生命的存在。每一个人生命的出现都是人类繁衍工程里的一个结晶。生命经历了人类历史的长河，经历了祖辈人的不懈努力。生命的宝贵，在于它延续而来的历史太悠久了，它使每一个存在的人感到庆幸、自豪、惊讶和珍贵。然而死给生命规定了存在的界限。如何用有限的生命建造那瞬间的丰碑，成为每一个生命孜孜追求的目标。虽然个人的存在被限定在生命界限内，但是在悠长的历史之光的照耀下，它有了社会和历史的意义，个体发出的瞬间光明连成一片，个体价值的意义又构成了人类永恒的历史。

性格到底是什么

人的性格探源

人类历史的第一个前提无疑是个人生命的存在。每一个人生命的出现都是人类繁衍工程里的一个结晶。生命经历了人类历史的长河，经历了祖辈人的不懈努力。生命的宝贵，在于它延续而来的历史太悠久了，它使每一个存在的人感到庆幸、自豪、惊讶和珍贵。然而死给生命规定了存在的界限。如何用有限的生命建造那瞬间的丰碑，成为每一个生命孜孜追求的目标。虽然个人的存在被限定在生命界限内，但是在悠长的历史之光的照耀下，它有了社会和历史的意义，个体发出的瞬间光明连成一片，个体价值的意义又构成了人类永恒的历史。

阿尔伯特·爱因斯坦在 1999 年被《时代》杂志选作"世纪人物"，这位物理学和数学方面的天才拓展了人类的思维，开辟了科学与技术的新领域，未来的人们将看到他为人类认识宇宙的本质所做出的重大贡献。然而，爱因斯坦之所以被广泛接受，成为我们时代最具影响力的人物，主要不是因为他的天才，而是因为他的个性。对于大多数人，包括爱因斯坦这样才华横溢的人来说，其生活的每一点成就，无论是辉煌的业绩还是微小的收获，更多地取决于人的个性，而不是其他任何单一的因素。

为了认识自己和他人，我们需要懂得一个概念，这就是我们称作"个性"或者"性格"的东西。给"性格"下定义不是一件容易的事，人们经常用不同的词语来描述一个人的性格，比如乐观型与悲观型，活泼型与腼腆型，温柔型与粗暴型等等，并且人们在做每一件事情时都试图发现这些性格所起的重要作用。

　　什么是性格？概括地讲，性格就是人在对人、对事的态度和行为方式上表现出来的心理特点，如理智、沉稳、坚韧、执着、含蓄、坦率，等等。

　　但是性格又绝不这样简单，因为任何一种性格都有不同的层次。政治家的理智与农民的理智大不相同，宗教徒的执着与赌徒的执着截然相反，因此，性格的文化底蕴才是决定性格的根本因素。

　　根据心理学的理论，一般认为一个人的性格很难改变。我们可以认识某人的性格特征，并在必要时对其做一定程度的修正，但人的基本性格可能取决于基因中某些固有的因素，就像我们眼睛的颜色一样是不可改变的。

　　人，是天地之心，是万物的灵长，但是，人类自从睁开双眼的那一天起，就为命运所困扰，人类的历史也就成了与命运进行永不妥协斗争的历史。什么是命运？一般说来，命运是个人无法把握的寿夭祸福、穷通贵贱。正像孔子所说的"吾十有五而志与学，三十而立，四十而不惑，五十而知天命，六十而耳顺，七十而从心所欲，不逾矩"。所谓"五十而知天命"，并不是说他已经预先知道了天命，预测到了自己的未来，而是说他已经懂得了自己做什么和如何去做，实际上，这就是将外在的命运内化为自己的性格。他把握住了自己的性格，也就把握住了所谓的"天命"。

　　日常生活中，两个人有着同样的社会背景，同样的家庭环境，同样的生活际遇，同样的智商，但最后，一个人成功了，而另一个人却失败了，为什么？这就是两种性格，两种命运。一个人的行为受性格而不仅仅是智力的影响和左右，而一个人的行为又极大地决定着他能否取得成功。班级里最聪明的孩子不一定是最可能获得成功的人，因为他们往往不会注意周围人的性格特征，这样也导致了他们不会改进自己的行为方式以便最大限度地自我发挥。一流的推销商、教师、大夫、心理专家、经理、律师、政治家，他们取得成功正是因为他们善于观察和解读自己与别人的性格。

　　性格虽然具有先天性和不可改变性，但是它仍然离不开后天的塑造。苦其心志，劳其筋骨，是自古英雄出磨难；生于忧患，死于安乐，是智者与愚者的不同归宿。塑造性格的主动权，不在命运的手中，正在我们的心中。把握了性格，也就把握了命运。

最近美国公布了一份权威调查，显示了美国近20年来政界和商界的成功人士的平均智商仅在中等，而情商却很高。我们知道情商的要素基本上都包括在性格之中，因此，我们说性格是决定个人成败的重要因素并不是空穴来风。

在过去的历史中，由于机遇的不平等，性格的因素还不是那样的重要，但在今天，在这个高度发达的信息时代，同样的机遇同时摆在人们的面前，人与人的性格不同，对待机遇的态度也不同，于是有的人能成功，有的人只能与成功擦肩而过。21世纪，年轻一代人的口号是"不怕你有个性，就怕你没个性；不怕你有毛病，就怕你没毛病"，所以我们说这是个个性张扬的世纪。

我们每一个人几乎都曾因为不了解自己和他人的性格而造成各种各样的麻烦。比如，不善识别潜在的麻烦制造者，为自己处理不好各式人际关系烦恼不已。当今社会的高离婚率也说明了这一个问题，如果一方知道如何更好地认识对方的性格，或许他们就能避免许多不幸的发生。再比如在医学领域中，如果医生了解自己病人性格类型后面的深层根源，那么他们就能够给予病人更多的帮助。一个最具说服力的例子就是篮球明星迈克尔·乔丹，他个性中最大的特点就是他的无与伦比的绝对自信，所有与他交过锋的运动员对他身上那种少有的必胜意识都留下了深刻印象。因此，任何一个真正了解他性格的对手，明智的做法是，比赛中绝对不要表现出对乔丹的哪怕一丁点的轻视。不幸得很，许多毛头小伙子常常因为表现出对乔丹的不服而把他完全刺激起来。乔丹在比赛中不仅决意要证明对手的"错误"，而且同时还有点自我炫耀的意思。

上述种种都说明了一个事实：了解自己和他人的性格特征，我们的生活将会因此大受裨益。

性格类型和特征

目前，性格类型的划分方法有多种。比如，精神病学家和心理学家采用《精神病患者诊断与统计手册》。根据这个手册，他们可以将有些病患者划分为"分裂型人格"，这种性格的人在社会交往和与他人的关系中行为模式具有孤立的倾向；还有一种类型是"自恋型人格"，这种人的行为模式则表现为虚夸、自以为是和离不开别人的崇拜，同时兼有对别人冷漠、缺乏同情心等特点。其他分类法，比如"麦耶斯·布里格类型"，将人的性格分成内向型/外向型，思考型/感觉型等，目的也在于帮助人们更好地了解自己和认识别人。

在这本书中，我们主要是列举四种很有影响力的划分方式，分别是传统式分法、测试式分法、外貌式分法和食物式分法。这四种划分方式各有其特点，可以帮助我们更清楚地识别出不同的人的性格类型和特征。

第二章　你究竟属于什么样的人

性格类型的传统式分法

传统式分法是目前影响力最大和最为人们熟知的性格类型划分方法。它将人的性格划分为 19 种类型，分别为：理想性格，叛逆性格，懦弱性格，坚韧性格，勇敢性格，耿直性格，刚毅性格，刚愎性格，优柔性格，狡诈性格，孤独性格，世故性格，谨慎性格，好强性格，敏感性格，情绪性格，自制性格，方圆性格和豪放性格。下面我们一一做出介绍，并举出每种性格类型的典型范例。

理想性格

理想的性格就是无性格，它的实质不可名状，正像含盐的水虽咸却没有苦涩，虽淡却非索然无味。具有这一性格特征的人望之俨然，接触起来却和蔼可亲。但是在和蔼可亲中，却又有着一种天生的震慑力。这种人表面上看去总是那么平淡，不显山，不露水，毫无个性，周围的人经常不把他们放在眼里，但他们做起事来，又变化万端，让人捉摸不透，等想明白了，才知道他们不容小觑。正如老子所说的上善若水，润物无声，这种性格的人像水，虽无声但却威力无穷，水滴石穿的道理人人都明白。具备这一性格的人，像水一样可以根据不同的器皿展现不同的身姿，身陷逆境需忍让之时，他们会表现得忍性十足，所谓的"人在屋檐下，不得不低头"，还有"大丈夫能屈能伸"就是他们的格言。而一旦机会出现，需要决断之时，他们的性格又表现出毫不犹豫的果断，该出手时就出手。而这种景象又让人联想起龟鹰决斗。凶猛无比的老鹰在与慢腾腾的老龟的决斗中却不占上风，原因就在于龟缩着头，鹰无法啄其要害，但一旦有可乘之机，龟会毫不犹豫地撕咬鹰的要害。

理想型性格的人该仁慈之时，他们总是慈眉善目；而该勇猛之时，又势如猛虎下山。所有的这些性格特点促使他们既果敢又谨慎，所以他们是天生的领导者，虽自己才能有限，但却知人善任，在他们手下，必有一大批人才乐为其用，所以他们的事业也注定会成功。这种性格的人多为开世君主，有道明君。

汉代的开国君主刘邦，唐朝的有道明君李世民就是很好的例子。

刘邦出生于一个普通的农民家庭，他不安于贫困的家庭生活，也不喜欢务农，担任了亭长这样的一个小官。他目光敏锐，善于察言观色。他待人宽厚，喜欢施舍穷人，性情豪爽大度，处世不拘小节。常有人评价青年时期的刘邦是一个有一定才能的小混混。在以后的统一大业中，他的理想型性格发挥得淋漓尽致。起初他的势力不如项羽，这时的刘邦处处忍让，决不与对方起冲突，鸿门宴中的胆战心惊，中途的仓皇逃走都说明了他身上的这种阴柔性格，该忍时一定要忍。而他的对手项羽因为一生刚硬，不懂得弯曲，最终导致了失败的命运。刘邦与郦食其的交往也是他性格的一个凸显。开始他对郦食其很傲慢，但当他发现对方有真才实学时，马上对对方恭敬起来。正是刘邦的礼贤下士，才使得一大批能人志士投奔他门下，为他的统一大业贡献了力量。而当他建立汉朝大业后，对有卓越功勋的韩信的处置，就可以看出他性格中的果断和凶狠。正是刘邦开国之初一系列刚柔并济的举措，才使得西汉后来的繁荣昌盛局面得以出现。

唐太宗李世民，是中国历史上最杰出的英明君主之一，为中国开创了长达130年的黄金时代。他性格平静淡泊，内心敏慧，外表清朗。仁慈之时，对臣民像对自己的子女一样；残忍之时，对兄长也能举起屠刀。他与大臣魏徵的关系是被历代君主景仰的君臣关系，魏徵多次直言进谏，敢犯龙颜，不卑不亢，无所畏惧，除了因为他本身的性格以外，君主的开明豁达，从谏如流恐怕也是最重要的原因之一。如果没有皇帝的圣明，魏徵也不会有恃无恐，没有人会不爱惜自己的脑袋。"海纳百川，有容乃大"，唐太宗的胸怀正像大海，他以博大的胸襟接纳了各种各样的谏言，成就了帝王的事业。而魏徵死后，唐太宗十分伤心，他痛哭着说："人以铜为镜，可以正衣冠；以古为镜，可以知兴替；以人为镜，可以知得失。魏徵殁，朕亡一镜矣！"开明的君主、尽忠的良臣，谱写了"贞观之治"的盛世交响乐。

叛逆性格

叛逆性格与理想性格正好相反，他们不是无性格，而是随时随地都有着很明显的性格。理想性格是水的性格，而叛逆性格则是火的性格，他们向生存环境采取的是赤裸裸的反抗，他们不懂迂回，不会婉转，而是直接地与所处环境展开针锋相对的斗争，所以这种性格的人要提防成为悲剧人物，因为与环境作斗争，结局只有两种：战胜环境成为英雄，或是被环境所吞噬成为悲剧的主角。古今中外的诗人都是有性格的，没有性格成不了诗人，也写不出精彩的诗篇。但是从来没有一个诗人像普希金那样兼具浪漫与反叛的个性，正是这样的个性使得他的诗篇流芳百世，同时也造成了他悲剧性的人生。普希金生活在沙皇统治下的帝国，但他从未想过要取悦沙皇。他曾经这样写道："我只愿歌颂自由，只希望向自己献出诗篇，我诞生在世界上，并不是为了用我羞怯的竖琴讨沙皇的喜欢。"由此我们可以看出他叛逆性格之一斑。普希金还具有诗化的性格，他为了捍卫自己的荣誉而与自己的情敌决斗，这是力量悬殊的决斗，是文人与武士的决斗，但他丝毫的退却之心都没有，从容地走向了死亡。他的叛逆性格使得沙皇政府对他不容，也导致了他不安定的生活。他是崇高的，优美的，但也是悲剧的。

德国著名哲学家尼采更是叛逆性格的代表人物。在西方基督教对人们的统治日益坚固之时，他提出"上帝死了"，要推翻一切旧有的道德，认为人性是恶的，恶才值得去赞扬，恶是推动人类历史前进的武器。尼采叛逆的性格使得他的哲学思想在现代西方哲学史上自立门派，但也导致了他悲剧性的一生，他没有美好的家庭，身患精神分裂症，而且最终陷入了完全的疯狂。

懦弱性格

懦弱性格是性格缺陷的代名词，为很多人所唾弃。日常生活中，说某人性格懦弱，往往还有鄙视和厌恶之意。其实，勇敢和坚强固然是每个人所追求和向往的完美性格，但懦弱性格也是人们性格类型中不可缺少的一部分。每个人的性格中或多或少的都有懦弱的成分存在，我们往往在困难和灾祸面前退缩，但能鼓起勇气坦然面对失败和挫折的就是勇敢与坚强的人，相反被失败击倒的就是懦弱的人。懦弱性格的人虽然不能成为叱咤风云的将军，也不可能成为果敢坚强的政治家，但他们常常情感丰富，观察敏锐，感受细腻，是天生的文学艺术之才。

南唐后主李煜因其婉转妩媚的诗词被人们所熟知，而他最初的帝王生活和其后的俘虏经历是他凄凉优美诗词的来源，也是他无奈一生的写照。如果说李煜是一个没有抱负、只知享乐和吟词作画的荒唐君主，那是对他最大的误解。"四十年来家国，三千里地山河。凤阁龙楼连霄汉，玉树琼枝作烟萝，几曾识干戈？一旦归为臣虏，沈腰潘鬓消磨。最是仓皇辞庙日，教坊犹奏别离歌，垂泪对宫娥。"这首词反映出此时的他对当初的懦弱性格的深刻追悔。

坚韧性格

坚韧性格与懦弱的性格正好相反。他们是明知不可为而为之，是夹缝里求生存，是明知山有虎偏向虎山行。坚是一种特性，我们说坚不可摧就是此意。老子说："兵强则灭，木强则折。"因此只有坚是不行的，还得有韧。韧是顽强的意志力和超强的忍耐力，坚韧性格是无敌的，这种性格的人做事专一，永不会放弃，不屈不挠，不达目的誓不罢休。这种性格的人无论从事什么职业都会成功，因为他们决不轻言放弃。

爱迪生是个天才，他有着普通人无法企及的天赋，但正像他自己所说的："天才是98%的汗水加上2%的灵感。"爱迪生的一生是传奇，也是事实，他坚韧的性格，锲而不舍的努力造就了他辉煌的事业。他一生共有发明2000多项，被称为"发明大王"。爱迪生从小就有着超强的好奇心，对什么事都想知道其背后的原因，不仅如此，对什么事情他都想自己动手尝试一下。在爱迪生研制电报机的时候，他有时一个星期也不离开实验室。饿了啃几口面包，渴了喝几口清水，废寝忘食地工作，甚至置自己的新婚妻子于不顾，继续他的研制工作。他发明电灯的过程更是他性格的突出表现。在进入实验之前，他在电灯方面建立了 3000 多种理论，每一种理论似乎都可能变成现实。他锲而不舍地一一进行实验，最终确定只有两种理论可以行得通。他是一个工作狂，只要进入他的实验室，进入他的工厂，他就忘记了身边的一切。

勇敢性格

每一个人都希望自己有着坚强勇敢的性格，勇敢性格的人是天生的将军和统帅。他们生性好斗，不愿屈服，敢说敢为，富于冒险。这种性格的人往往个性鲜明，有着非凡的魅力。"铁血宰相"俾斯麦可以说是勇敢性格的典型代表。他在大学里就是个知名人物，因为他怪异的着装和放荡不羁的生活方式。当时的俾斯麦身材高瘦，衣服的颜色由于穿的时日过长，已经分辨不出是什么颜色，而下身经常穿一条肥大的裤子，皮鞋的鞋跟带有铁掌。他还留着长长的头发，两撇八字胡。别人不能对他有一句批评之词，如果有人这么做了，那么一场决斗是少不了的，所以没有人敢惹他。我们都知道俾斯麦是通过三次战争最后实现德国统一的，他是个斗士，积极主张战争解决德意志的统一，但他又是个有谋略的斗士，在他身上不仅有勇敢，而且有韬略。他的性格使得德国最后得以统一。但统一之后，他的这种性格仍然没有丝毫的收敛，他说："只要我还有权力，我将永远奋斗。"这样的性格最终导致了他与威廉二世的分裂，他被剥夺了一切权力，从此走向了人生的低谷。

耿直性格

耿直性格的人不善迂回，经常碰壁。这种性格的人往往嫉恶如仇，好打抱不平，为人善良，但却不通人情世故，不会为人处世，所以他们的人生往往不得意，有着太多的抱怨和郁郁不得志。他们是正直人格的护花使者，但是他们的性格也导致了他们自己人生的曲折艰难。

《史记》的作者司马迁应该是这种性格的典型代表。他性格刚正耿直，行为方式不羁。他崇尚游侠，与著名的侠士郭解成了好朋友。作为史官他耿直的性格决定了他注重事实，不为当权者吹嘘功勋的行事方式，而这就造成了他与皇上的不和。最终在他为罪臣李陵的辩护中，自己也受到了牵连。正是他的刚正个性，在生与死之间，为了证明自己的清白，他忍受了宫刑这样的奇耻大辱。正如他所写的："人固有一死，或轻于鸿毛，或重于泰山！"他为了体现自己的人生价值，选择了痛苦地活着。他把满腔的悲愤化作力量，兢兢业业地写作，在耻辱中清醒，在耻辱中激励，完成了中国史学辉煌的巨作。鲁迅对《史记》的评价是："惟不拘史法，不囿于文字，发于情，肆于心而为之。"这些特征不单单是作品的特征，也是司马迁性格的体现，他的不羁，他的耿直在书中得到了淋漓尽致的突显。

刚毅性格

刚毅性格与耿直性格有共同点，都是正直的，但前者比后者多了毅，也就是多了坚强持久的意志力，这使得这种性格的内涵是勇猛而顽强，果断而自信，直而不肆，光而不耀。刚毅性格与坚韧性格都是不屈不挠，锲而不舍，但前者注重刚，势不可挡，而后者则是柔韧，是水滴石穿。

这种性格多体现在女性身上。英国的前首相撒切尔夫人就是一个例子。这位"铁娘子"是英国历史上唯一一位女性首相，她的闪光点在于她性格中的果断刚毅、毫不妥协，工作起来不知疲倦。她的坚强、刚毅和超强的自制力在她政坛的最后一刻得到了很好的体现。在竞选失利的情况下，她仍然不失"铁娘子"的风范，尽力维护自己的尊严，不让自己在众人面前流泪，用超强的自我控制力完成了最后的演讲。面对失败的局面，她和其他人一样觉得沮丧、痛苦，但是她在得失面前仍然能够保持自己政治家的形象，不能不说是她刚毅的性格在起着关键的作用。

刚愎性格

刚愎自用无疑也是有着缺陷的性格特征，它与刚毅性格有着表面的相似性。这种性格的人往往把自己看得很重，在他们的视野内，没有可以与自己相提并论的人，他们中的很多人确实有才华，有能力，但他们不求进步，最终导致他们失败的命运。"恃才傲物"是他们的显著特征，他们自视甚高，不愿与别人交流，故步自封，最后难免出现悲剧性的结局。而还有一种具有这种性格的人是曾有过很大贡献的人，他们往往认为自己的功勋卓著，听不进别人的意见，最终也难逃悲惨的结局。

关羽正是这种性格的典型代表。他一生战功赫赫，对刘备忠心耿耿，始终不渝；智勇盖世，过五关斩六将，屡战屡胜，所向无敌。但这些优点也导致了他刚愎自用的性格特征。"大意失荆州"的故事大家都很熟悉，正是关羽傲慢自大的性格使他忘乎所以，目中无人，才不可避免地导致了他的悲剧命运。项羽也是这种性格的人物，他虽英勇善战，但却有勇无谋。刚愎性格注定他鸿门宴上失掉了杀刘邦的机会，关键时刻失掉谋臣，最后时刻放弃生命。所以说性格决定命运，竞争就是性格的竞争，有好的性格，就是成功的开始。

优柔性格

优柔性格的人遇事犹豫不决，瞻前顾后，办事迟疑，没有决断。他们往往在优柔中失去一次次机会，使自己的命运一变再变。韩信虽为一代名将，其性格却优柔而怯懦。俗语常说的"短韩信"指的就是他这种优柔的性格特征。谋臣对韩信曾说过这样的话："相君之面，不过封侯，又危而不安；相君之背，贵而不可言。"话中之意在于劝说韩信造反，然后自立为王。韩信以汉王待他恩重如山而拒绝了。韩信真的对刘邦绝无二心吗？怕不是这样，否则他就不会与谋士偷偷地到僻静的屋子里详谈了。可见他是有野心的，但却不够果断，失去了良机，而最终导致被刘邦杀头的悲剧。

狡诈性格

狡诈性格的人不受任何道德规范的束缚，它的特征是根据不同情况表露不同面孔，狡猾奸诈。狡诈性格的人也是能成大事的人，他们与理想性格一样具备领导才能，但他们往往为求目的而不择手段，与理想型性格的人比起来，少了正与直的方面，多了狡猾和奸诈。他们这种性格的人能成功，但却往往没有什么好名声。

经历过 1997 年东南亚金融危机的人对索罗斯这个名字一定不会感到陌生，他是这场金融风暴的始作俑者，在这次很多人都血本无归的金融大风暴中，他赚足了美元，但他的成功是建立在别人的痛苦之上的，由于他的出现，令东南亚的经济受到严重影响。索罗斯为人狡猾，是只商场老狐狸。20 世纪90 年代中期，东南亚国家不约而同地开始了一场大跃进，随着经济的快速发展，一些金融漏洞也开始出现。索罗斯是一个很有心计的人，他一直在等待着机会大赚一笔。1997 年 3 月到 8 月短短 5 个月的时间，索罗斯将泰国、马来西亚和印尼的金融体系几乎摧毁，而他自己则赚足了好处。他诡谲的性格使他极度成功，但他的行为是不光彩的，是建立在无数商人破产的基础上的，因此他虽有无数的金钱，但人们都厌恶他。

孤独性格

孤独性格往往是一种深刻的境界，是一种常人所无法理解的层次，就像中国人常讲的"高处不胜寒"，因此孤独性格常常与伟人相伴随。这种性格的人不善于交际，喜欢独处，对事业任劳任怨，勇于向高处攀登，他们取得的成就非常人所能企及。但这种性格也有缺陷，那就是容易走向极端，脾气多怪异，有时甚至走向自我毁灭的道路。

学中国文学史的人对于王国维这个名字肯定很熟悉，他是中国现代文学史上一位有名的学者，对历代诗词有着非常精深的研究，他所写的《人间词话》是诗词研究方面的一部巨作，同时他本人就是一个诗人，写了很多感人至深的诗词。1927年农历五月初三，他在北京颐和园内的昆明湖自沉而死，留给了后人难以解开的谜底。对于他的自杀，郭沫若曾说："王的自杀，无疑是学术界的一个损失。"王国维的死亡有着许多复杂的原因，但他自身孤独的性格应该是最主要的根源。王国维个性孤僻、极端，他忠于大清帝国，曾任过清朝末代皇帝溥仪的老师。溥仪的退位，大清的崩溃，使他万分伤感，而他找不到可以给自己以解释的理由，最终走上了自杀的道路。当时正值社会的变革时期，又处在新旧文化的交替点上，其个人的气质又极为特殊，所遭遇的事又极其复杂，而事事他又用自己孤僻、偏激的性格来作出判断，所以他的结局又是不可避免的。他的《颐和园词》为大家所熟知，这首词把他对大清王朝的留恋表现得淋漓尽致，同时他孤独的个性在词中也得到了反映。"昆明万寿佳山水，中间宫殿排云起。拂水回廊千步深，冠山杰阁三层峙。"颐和园在他眼中是那样的秀丽、优美，而大清国在他眼中也是很繁华巩固的，但却被推翻了。王国维无法转变自己的价值观，无法跟上历史潮流，所以他选择了自我毁灭的道路。

世故型性格

世故型性格的人顾名思义是善于交际、处世圆滑的人，他们精明能干，在人际关系上左右逢源。世故型性格的人可通过依附于一个强人而获得事业上的机遇。这种性格的人大多是权力型的人，但是他们一旦获得了权力，行为方式与指导思想又会比较谨慎，所以他们不会是开拓型的领导。

阿根廷的第一位女总统——伊萨贝尔就是这样性格的人。1956年，芳龄25岁的伊萨贝尔与阿根廷前国家元首胡安·庇隆相遇。当时的她是一位天真烂漫、艺海中正在跃起的新星；而庇隆则是个年近花甲、下台流亡在外的总统。但此时的伊萨贝尔坚信，这位患难总统定有出头之日。从此她成为了庇隆得力的助手和秘书，为庇隆的复出贡献自己的力量。经过17年的不懈努力，庇隆终于重新登上了总统的宝座。而在庇隆的影响下，伊萨贝尔也以副总统的身份开始了自己的政治生涯。就在1974年的7月，在自己丈夫的扶持下，她登上了总统的宝座。可以说，她的成功完全得力于她世故型的性格和敏锐的政治洞察力。一般常规论之，无论从学历上还是从能力上看，她可能都没有资格去管理一个国家，但是她又成功了，因为她选择的丈夫是她坚强的后盾。

谨慎型性格

谨慎型性格之人，常常对周围的事思考得很周全，善于三思而后行。这种人责任心较强，办事多精明。谨慎型性格的人一般以女人较多，她们做事务实，不鲁莽。这种性格的人在关键时刻善于自保，不拖累别人，也不自找麻烦。但这种性格的人的缺陷也就在于思考得太过于细微，不敢去冒险，常会失去许多机会。

曾任美国陆军参谋长的五星上将马歇尔就是个谨慎型性格的人。1897年他进入了弗吉尼亚军事学院，在这个学院里有一个惯例，那就是所有的新生都必须接受老生的种种刁难。在一次老生刁难他们的"坐刺刀"活动中，马歇尔虽然身体虚弱，在刺刀上坚持不了多少时间，但是他不愿与这些老生起冲突，也不愿让这些老生看不起自己，他坚持着，直到刺刀刺破了他的屁股。从这以后，这些老生对他刮目相看，再也没有欺侮过他。1943年，众议院提议他为陆军元帅，但是他却拒绝了，因为他考虑到这样的提升会损害他在人民中的影响，另外也会给他指挥战争带来障碍。他的这些做法使他在部队里赢得了很多人的好感。1945年二战结束，他又提出了辞职的请求，虽然从此失去了政治和军事上的大好前途，但以后的事实证明他激流勇退的做法是正确的。上述这些做法都是他谨慎型性格的最好体现，对任何事他都有着精微的思考，在深思熟虑后，他就果断地采取行动。这样的个性，使得他在军事战争和为人处世上都能一帆风顺。对于他的成功，他的谨慎型性格起到了非常重要的作用。

好强型性格

许多人喜欢把自己的成功或失败归咎于运气，但对于好强型的人来说却相信自己的努力。他们会主动去寻找成功的机会，有自强不息的精神和积极向上的心态，所以他们大多数人容易成功。好强型性格的人也有缺点，因为好强的秉性，他们不甘居人下，不人云亦云，而且会傲慢对待他人，在处理关系上容易走极端，多遭人嫉妒，甚至有时很盲目，自以为是。

希拉里·克林顿起初为人们所认识是因为她是美国的第一夫人，她的丈夫是美国的总统，但几年过去之后，人们发现她本身的杰出智慧和好强的个性，丝毫不逊色于她的总统丈夫比尔·克林顿。在担任第一夫人期间，她就以自己的强悍、干练给了丈夫许多帮助。希拉里在大学期间就是个不平凡的人物，她曾是学校反对派领袖之一，领导学生与学校一切不合理的制度作斗争。在丈夫竞选总统期间，她所起的作用是不容忽视的。当她与她的丈夫从白宫里走出来后，她没有放弃自己的政治抱负，她历经磨难，凭着自己卓越的才能和好强的个性，在基本属于男人的政坛中脱颖而出。2002年她成功当选为纽约州参议员，她未来的命运如何，我们不做猜测，但她好强的个性肯定是她政治生命里最重要的东西。

敏感型性格

敏感型性格的人属于自我实现型。他们通过独特的想象力、敏锐的感悟力，在对目标的追求中得到价值。敏感型人适宜于高智力的活动，他们可以运用创造性想象及推理方面的特长创作文学作品。他们还可以选择担任军事指挥，因为他们拥有别人没有的感悟能力，一件事普通人可能毫无知觉，但敏感型的人却早早意识到了它的不同之处。敏感型性格也有自己难以避免的缺点。他们很容易神经过敏，会因感情用事而引起不必要的麻烦。

著名歌星迈克尔·杰克逊天性敏感、柔弱。他从小就是个内向、文静的男孩，虽然有着极高的音乐及舞蹈天赋，但他却很害羞，这样的性格是不适合在歌坛上闯荡的，但他很小就涉足了这个领域，这本来就是一种很矛盾的情况，所以导致他永远都处于自我与周围世界交流的两难处境中。即使到了他成名后多年，在现实生活中，他在心理上始终存在着某些令他无法与现实世界沟通的障碍。舞台上的他疯狂、热情，但现实中的他却是个最孤僻的人，一个极端自我封闭的人，一个极其容易受伤害的人，一个几乎完全生活在儿童世界里的人。

情绪易变型性格

情绪易变型性格也就是不稳定的性格，或者说是脾气坏的人。这样的人不但会害苦自己，而且也容易伤害自己周围的人。这种性格的人喜欢交友，对人很热情，他们很容易信赖别人，但却不懂得珍惜身边的朋友。他们大多数人受情绪波动影响很大，忽喜忽悲，让人难以捉摸，给人不成熟、办事也不牢靠的感觉。这种性格的人大多从事科学或者艺术工作，因为这些灵活多变，需要灵感和天赋的职业类型需要人情绪和爱好的多变性。他们可以通过情绪转化获得事业发展的机遇。这种性格的人的缺陷就在于不能把消极情绪转化成积极情绪，让消极情绪破坏了成功的希望。另外这种性格的人因为情绪多变，容易冲动，这样很有可能被某些居心叵测的人当枪使，充当他们的探路者。

台湾著名作家三毛就是个情绪波动极大的人。她性格内向、孤僻而又偏执。年轻的三毛坠入了爱情的旋涡，她为了成就这段爱情，宁愿休学，但是男方没有同意，这使得性格偏激的三毛跑到了西班牙去留学。但这也是三毛聪明的地方，她太了解自己，她怕自己在爱情的罗网中不能自拔，转而成为爱情和学业上的双重失败者。她虽然怀着失恋的痛苦，但她毕竟很年轻，在不同的地域很快走出了感情的沼泽地。在西班牙，独自一个人的三毛变得勇敢和坚强。相信读过她的散文的人都记得她由被同宿舍的人欺侮的对象到成为大家客气甚至讨好的对象的过程，这是她成长也是性格转变的过程。三毛一生游历过许多地方，其中最艰难困苦的就是在撒哈拉大沙漠，但这样的痛苦经历把她由一个内向胆怯的小姑娘变成了一个成熟坚强的女人。她变得敢爱敢恨，乐观向上，有了自己独立的生活，并且结交了许多有才华的朋友。

当然，后来的三毛因爱人早逝，再次陷入情绪低潮，并最终以自杀结束了自己的生命。

自制型性格

自制型性格的人天生不容易发脾气，他们是那种喜怒不形于色的人，任何情况下都能把自己控制得很好，对别人有很强的容忍力。这种性格的人富有善心，他们大多数人都能通过自己的积极工作获得升迁，或者通过自己的创业取得成功。但是自制型性格的人也有自己的缺陷，那就是他们容易过分忍让，让到手的机遇溜走，另外因为这种人对自己要求甚严，这样他们对自己身边的人要求也会很严格，不容易通融。

德国的大音乐家勃拉姆斯就是个这种性格的人。他景仰自己的老师舒曼，但尴尬的是他又爱上了自己的师母，他压抑着自己的感情，尽心照顾老师和师母。在老师住进疯人院的时候，他在师母身边默默地陪着自己所爱的人。在他们两个人患难与共、相濡以沫的亲切气氛中，他们的感情越来越好，也越来越炽热。但是勃拉姆斯只能默默地爱她，只能把她看作母亲般的安慰，这是他自制性格的体现。当老师去世后，他没有像众人想的那样，与师母生活在一起，而是选择了离开。他的做法也是他深爱师母的表现，他明白他们的感情是为道义所不容的，而且这种爱情也不能带给自己所爱的人以幸福。所以他选择了离开，宁愿自己受着痛苦的折磨，也不愿自己所爱的人受半点委屈，这同样是自制力超强的表现。

方圆型性格

方圆型性格是常人难以达到的理想型性格，它也是人人都向往的性格。这种性格的人能随着周围环境的变化而适时地改变自己的性格，他们能忍则忍，能容则容，该进取就决不退却，该退让时也不会强求。他们对自己与别人都能很好地理解，他们把宽容、博大、仁爱、残忍都交融在一起，行动时，能够根据具体的情形作出调整。

著名电视主持人杨澜就是这种性格的人，她有着一个幸福女人该有的一切。在她起初的主持工作中，她的方圆型性格使得她和周围人的关系都很好，她虚心接受别人的批评，努力找寻自己的突破口，使自己更能适应观众的要求。经过一段自我调整，她有了很大的进步。但这时的她，没有被眼前的成功所迷惑，她为了更高的要求，选择了暂时的放弃，到国外去留学。这在当时对于正走红的她来讲，是个痛苦的选择，但她方圆型的性格又一次起了重要的作用。她忍受了常人无法忍受的失落，坚强而又果断地选择了自己的道路。在她成为阳光卫视的董事长之后，她的事业已经取得了巨大的成功，但她方圆型的性格又使得她没有停止自己前进的脚步，她一直在寻找适当的机会拓展自己的事业，终于她采取了行动，被新浪并购，事后证明她的决定是正确的。杨澜的成功就是方圆型性格的成功，她所取得的辉煌成就可以说不能离开她性格中固有的坚韧和聪慧。

豪放型性格

豪放型性格讲求直来直去，无所顾忌，他们经常为自己的朋友两肋插刀。这种性格的人做事干脆利落，决不拖泥带水，也不讲求个人私利。他们优点很多，但也有天生的缺陷。他们大多数人容易冲动，特别信任朋友，但这也就造成他们有可能被坏人利用，或者说交友不慎，误入歧途，做出让人遗憾的事情来，也把自己的前途给毁了。

美国歌坛巨星麦当娜就是这种性格的人，她天性狂野豪放，甚至近乎疯狂，她敢说敢做，用狂放不羁的态度去追求艺术上的成功。美国人称她为性感尤物，是他们的宝贝。个性狂放的她早期把自己的目标放在了舞蹈上，但是很快她就发现自己并不适合跳舞，在这期间她已经显露出了自己独特的个性，衣着大胆出位，喜欢制造让人吃惊的效果。后来她开始向音乐这条道路上前进。麦当娜个性野性十足，从不受什么规矩的束缚，对于别人对她的鄙视，从不放在眼里，她知道自己想要的是什么。她私生活的放荡也是她个性的一个诠释。这样的女性决不会被外界扑来的各种压力所击倒，她一次又一次地平息了潮水般的诽谤和攻击，为自己的人生开辟了一条越来越宽的道路。

性格类型的测试式分法

自我性格的测试

测试式方法是由美国女作家弗洛伦斯·妮蒂雅所倡导的一种对性格的划分方法，它简洁又条理清楚，使被测试的人短时间就能对自己的性格类型有一个清楚的把握。同时这种划分方法也让被测试的人认识到每一个人都是独一无二的，天生就有与兄弟姐妹不同的组合特征。

每一种性格类型都有自己的优缺点，各种性格都有其非同寻常的价值，正像太阳照射的七彩光一样，没有这个颜色比另一个颜色好，而是每一种颜色都缺一不可，少了哪一种都是遗憾。我们生来都有自己的性格特征，这就像是我们每个人都有着不同的质地，比如说有人是花岗岩构成，有人是大理石构成，有人是沙石质料的，我们的外形或许可以被雕刻家雕刻成同样的样子，但是我们的本质不会变化，而这种本质就是我们的性格。它或许被我们隐藏得很深，但是我们内在的本性却不会变化，正如同俗语说的"江山易改，禀性难移"。

这种性格的划分方法就是通过做测试来确定你的性格特征。它把性格划分为四种：活泼型、完美型、力量型和和平型。但在划分之前，我们先来做一个测试，由此你可以知道你自己的性格特征。

第一步：填写性格测试卷

说明：在以下的各行的词语中，用"√"在最合适的词语前做记号。

第二步：填写性格计分卷

现在将记上"√"符号的选择移到计分卷上，1 个"√"得 1 分，将得分加起来。

把答案填入积分表，分别将四列中的每一列的分数加起来，然后再把优点、缺点两部分分数加起来，根据总分的高低就可以知道自己的大概性格类型，同时你也就可以知道自己的组合类型。

活泼型性格

活泼型性格的优点很多，他们通常能言善辩，富于浪漫情怀，待人热情，永远是人们瞩目的焦点。在情感方面他们容易给初次见面的人留下深刻的印象，比较健谈，富于幽默感；同时这种性格的人很情绪化，感情容易外露；他们对任何东西都有着强烈的好奇心，这样使得他们经常略显孩子气；与他们相处，会让人经常不由自主地笑出声来。活泼型性格的人虽然童心未泯，但这并不表示他们对工作没有热情，这种性格的人在工作上往往热情很高，工作态度很主动，努力找寻工作上新的突破口；好奇的性格特征使得他们在工作上富有创造性，充满干劲，同时他们热情的性格又会很容易地吸引别人参与进来，形成和谐的工作场面。这种性格的人喜欢赞扬别人，他们永远也不会记恨，与人不愉快时，很快就会向别人道歉，所以他们容易交上很多朋友。活泼型性格的父母在与孩子相处上更是如鱼得水，他们就像是马戏团团长，他们把自己的孩子看作是自己的朋友，家庭生活因为他们的存在而显得多姿多彩，并且处处充满欢声笑语。

任何性格都不可能是尽善尽美的，所以活泼型性格的人当然也有着他们难以避免的缺点。这种性格的人通常总是叽叽喳喳说个不停，任何一件小事在他们那里都能被他们宣扬成长篇大论，并且任何时候，如果没有别人的阻止，他们自己永远不会停止。活泼型性格的人通常容易以自我为中心，他们不关注别人，因为他们只看到自己。他们对自己的故事津津乐道，但却没有留意到他人注意力的变化。这种性格的人还因为其活泼好动、没有耐性的本性而养成了不注意记忆的坏毛病。他们对数字毫无概念，所以他们通常都记不住别人的电话号码和名字。另外因为活泼型的人生活丰富多彩，拥有很多朋友，所以他们通常是那种高兴了和你一起玩，平时经常失踪的朋友，而不是你真正可以信赖并依靠的好朋友。

完美型性格

完美型性格的人与活泼型性格的人好比是两个极端。他们在情感方面通常显得很冷静，他们不会像活泼型的人一样情感外露，而是深思熟虑，善于分析。但这并不是说这种性格的人不喜欢与别人相处，只是他们对任何事情都有自己的计划，有自己的一套标准。他们生性追求完美，为人严肃，有很强的责任心。完美型性格的人在工作上往往预先作详细的计划，一旦开始工作就完全投入，有条理有目标地完成，善始善终，永远不会中途放弃。这种性格的人最重要的是很懂得善用资源，他们勤俭节约，讲求经济效益，用最合理的方法解决问题。他们的居住环境往往很整洁，他们生活注重细节，对自己和别人都有着很高的要求。完美型性格的人在交朋友上和活泼型的人截然相反，他们很谨慎地选择朋友，如果你有幸成为他们的朋友，那么他们必然能成为你最忠诚可靠的朋友，处处关心你，可以为了你作出自我牺牲。他们善于聆听抱怨，积极帮助你解决问题。但在选择配偶上他们通常选择理想伴侣，追求完美，有着很苛刻的标准。完美型性格的父母对孩子有着很高的要求，他们不会像活泼型性格的父母那样把孩子看作自己的朋友，他们希望自己的孩子很出色，一切都能做对，鼓励孩子充分显露他们的才华。

天才亚里士多德说过："所有天才都有完美型的特点。"他说得很对，作家、艺术家和音乐家通常都是完美型的，米开朗琪罗就是个突出的例子。他在创作经典的《摩西·大卫》和《彼亚塔》等雕塑时，深入研究过人类的体型结构，在停尸房里亲自解剖尸体，研究肌肉和筋腱。他还是个建筑师，他也曾经写诗，他在罗马梵蒂冈西斯庭教堂天花板创作的壁画，至今仍然举世闻名，那是他花费了 4 年的时间，躺在离地面 70 英尺高的工作台上完成的。如果不是完美型性格的人，不可能完成这样辉煌的巨作。

完美型性格的人也有自己天生的缺陷。他们通常喜怒不形于色，因为他们不想让自己太激动，这样他们总是显得很阴沉，没有活力，使身边的人也觉得很沉闷。因为完美型的人很注重细节，感情敏感，所以他们很容易受到伤害。另外由于天生消极的倾向，完美型对自己的评价十分苛刻。他们害怕与别人交谈，没有安全感。同时因为他们对一切事物高标准的要求，给他们身边的人造成了很大的压力。

力量型性格

力量型性格的人天生就是领导者，他们精力充沛，充满自信；他们意志坚决、果断，一旦认准目标就决不放弃；他们不易气馁，也不发泄自己的坏情绪；他们总是很有信心地运作着眼前的一切，并且不允许有任何的差错。力量型性格的人是天生的工作狂，他们设定目标，行动迅速，全身心投入工作。同时力量型性格的人善于管理，能纵观全局，知人善任，合理地委派工作，寻求最实际最合适的解决方法。因为这种性格的人总是显得那么胸有成竹，对一切事都能有清楚的洞见，再加上他们天生的领导才能，所以他们往往不大需要朋友。另外他们自信的本性，总是觉得自己的见解永远正确，听不进别人的意见，所以不大容易交上朋友，因为没人能容忍他们自大的秉性。力量型性格的父母在家庭里行使绝对的权利，他们设定目标，督促全家人行动，像一个领导者一样有条不紊地管理着整个家庭的日常事务。

力量型的人永远动力十足，他们充满理想，他们勇于攀登高不可攀的顶峰。由于力量型的人是目标主导兼具与生俱来的领导素质，他们往往在自己所选择的职业中达至顶峰。大多数具政治影响力的领袖都是力量型的。英国前首相玛格丽特·撒切尔就是个力量型的领袖，人们说她"衣着充满着强烈的色彩，言谈充满说服力"。许多报道她的文章都喜欢使用这样的词语称赞她：主宰、有才华、有能力、果断、强烈的竞争性、喜欢挑战等等，从中可以看出她是个充满活力的女人，洋溢着信心和控制力。

力量型性格的人也有着自己难以改变的缺点。他们有很强的控制欲，只有处于控制人的地位时才感到舒服。这种行为让别人很不舒服，甚至反感。他们太固执地认为他们自己总是对的，不用他们的方法看待事物的人都是错误的。他们永远高高在上，俯视别人的生活，指使别人去做这做那。另外他们还不能容忍别人的缺点，他们希望身边的每个人都听他们的指示，受他们的支配。力量型的人见识广博且自信永远是对的，所以一旦他们错了，他们也不会道歉，因为在他们看来，那是不可能发生的事。莎士比亚笔下有很多英雄式的人物，像李尔王、麦克白等，他们都是力量型的性格，他们也都是悲剧性的人物，他们的悲剧就在于他们太过于自信。

和平型的性格

和平型性格的人在情感方面常常很低调，他们总是显得平静而坦然自若，对任何事情都很有耐心，对任何情况都很自如地适应，就像是大自然中的变色生物。这种性格特征的人仁慈善良，善于隐藏自己内心的情绪，总是一副乐天知命的好模样；他们很细心，做任何事都面面俱到，绝对不会让别人感到被冷落。他们有着一成不变的生活模式，他们喜欢从事自己熟悉的工作，不容易跳槽。他们善于调节问题，有一定的行政能力，不是雷厉风行的领导者，但绝对是平时给人亲切感觉的可信任的上司。这种性格的人容易与人相处，让人没有压力感，自然而然地想亲近。他们还是好的聆听者，关心朋友；所以他们也有很多朋友。但与活泼型性格的人不同的是和平型性格的人永远是提供帮助的一方，他们喜欢旁观，能给处于劣境中的朋友中肯的建议。他们不喜张扬，不爱唠叨，其他性格的人都愿意找和平型性格的人交朋友。和平型性格的父母绝对是好父母，他们对待孩子很有耐心，对于孩子的错误他们也很宽容。美国的格雷特·福特总统就是个和平型的人，别人称赞他常用的词语是"令人愉悦、谦逊、闲适、随和、平衡"等等。他所行使的中间路线，没有侵略性，让人感觉到他是一个可靠朴实的人。

和平型性格的人自然也有他们的缺点。这种性格的人容易墨守成规，不喜欢改变。他们总是没有作出改变的魄力和热情，另外他们唯恐改变之后情况会更糟。和平型性格的人喜欢得过且过，他们通常显得很懒惰。他们厌恶让他们自己去创新，而需要别人的直接推动。这种性格的人最大的缺点是没有主见。他们不是没有能力决定，只是他们已决定不做任何决定。这样他们就不需要为做出的事情负责。另外和平型性格的人不愿意伤害别人，所以他们总是做自己其实并不想做的事，这样他们总是学不会对自己身边的人说"不"。

认识自己性格的必要性

古语云："知己知彼，百战不殆。"每个人都不想在人生路途上遭到失败，每个人都想拥有甜蜜的爱情、美满的婚姻、幸福的家庭、亲密的朋友、信赖的知己、腾达的事业、辉煌的成就、别人的仰慕……要想得到这一切，离不开机遇与自己的拼搏，而首先要做和必须要做的，不是战胜外在，而是战胜自己；不是了解别人，而是了解自己！

了解自己主要是指认识自己的性格——自己是内向的？封闭的？自卑的？懒惰的？虚荣的？偏执？浮躁？狭隘？贪婪？怯懦？多疑？不要惧怕，你能够克服！有一句谚语："播种行为，收获习惯；播种习惯，收获性格；播种性格，收获命运。"歌德说过："人人都有惊人的潜力，要相信自己的力量与青春，要不断地告诉自己，万事全赖在我。"性格是可以塑造的！自己是外向活泼的？开朗乐观的？坦率？勤奋？稳重？坚毅？不要太过高兴，仔细找找自己的缺陷！

我们生来与众不同，世界上只有一个自己，绝对不会有第二个人和你一模一样。我们的性格各不相同，但没有谁是绝对的性格优越，也没有谁绝对的一无是处。同一种性格特征，从不同的角度看，可能会有不同的利弊结论，关键在于确定自己的目标后如何去发挥性格的长处和力量。比如你可能是孤僻偏执的，朋友很少，生活乏味，没有快乐，但你却可能会超乎寻常地专心研究某个科学问题或刻苦工作，因而在事业上更易成功。

因此，对自己的性格，要正确地认识，要找出长处和缺陷，要保持长处，克服缺陷。只有这样，才能在生活和工作中获得成功。

上千年前，刻在阿波罗神庙门上的神谕就告诫过我们："认识你自己！"在真相这面镜子前好好端详一下自己，认真反思一下自己的行为，不要为自己的怯懦找任何借口，不要为了表面的浮华用虚假的东西来装饰自己，不要惧怕真相带给我们的压力。

在心理学迅速发展的今天，它已经为人类解决了许多的难题，但是它直到今天还没有解决人类自身的问题，那就是如何"认识你自己"！

今天当我们重新来审视这个问题的时候，我们会有许多想法与期待，那就让我们来共同探索这个人类的难题吧！

"认识你自己！"

"认识自己的性格！"

第二章

你究竟属于什么样的人

测测自己的性格

认识自己的性格，离不开性格测试。世界上唯一不变的就是"变"，人的性格也是不停在变的，没有一个人会是百分之百地属于某种类型。现阶段的你，主要性格特征尽管不会变；可能通过测试，你就会把握住性格的脉动，引导它趋向完美，从而获得成功。

可是有一点要注意，那就是你必须先对自己有客观的认识，这样才能通过测试得出自己的性格特点。如果对自己一无所知或者不肯理性承认自己的某些性格特征，那么你将无从开始，因此即使做出了自认为应该的选择，也没有什么意义。

那么怎样才能在测试之前客观了解自己呢？请朋友帮忙是个不错的办法。你要怀着一颗坦诚的心，请朋友们告诉你，在他们心中你是一个怎么样的人。你会发现自己的判断往往和朋友的看法并不完全一样，甚至有很大的出入。其实了解自己并不一定是一件令人愉快的事情，特别是当我们心中暗藏了许多秘密的时候。然而只有对自己诚实，我们才能解放自己，才能够让别人对你诚实。

很多人往往选择自己喜欢的性格特征而非自己的真正面目，可是我们能骗得了谁呢？选择错误的类型，只能让自己继续活在假象中，不利于自己将来的发展。那么如何判断自己的选择正确与否呢？下面是一些经验规律供你参考。

如果你的测试结果让你产生困扰的同时又让你产生勇气和莫名的兴奋，那么你可能选对了。

如果你的选择激起你内心某种深沉的情感，并让你了解了自己从未触及的层面，那么你可能选对了。

如果你的选择让你看出了自我与外在人际关系的新模式，那么你可能选对了。

如果你的家人和朋友同意你的选择，那么你可能选对了。

可是，没有什么办法可以让你百分之百地了解自己是否选对了。我们永远不可能找到一种测试性格的标准规则，也不可能从自己的某个部位找到性格类型的标记，我们只有认真审视自己，才可能获得客观的证据。许多人可以马上决定自己的性格类型，而有些人则需要很长的时间，也有人可能介于两者之间。时间和经验的积累会让我们增加判断的信心，尽管这需要最有力的证据。

下面就让我们做些测试吧！

菲尔测试

这个测试是美国知名心理学博士菲尔在著名女黑人欧普拉的节目里做的，比较准确。回答问题时一定要依照你目前的实际情况，不要依照过去的你。这是一个目前很多大公司人事部门实际采用的测试。

1. 你何时感觉最好？

a）早晨

b）下午及傍晚

c）夜里

2. 你走路时是……

a）大步的快走

b）小步的快走

c）不快，仰着头面对着世界

d）不快，低着头

e）很慢

3. 和人说话时，你……

a) 手臂交叠地站着

b) 双手紧握着

c) 一只手或两手放在臀部

d) 碰着或推着与你说话的人

e) 玩着你的耳朵、摸着你的下巴或用手整理头发

4. 坐着休息时，你的……

a) 两膝盖并拢

b) 两腿交叉

c) 两腿伸直

d) 一腿蜷在身下

5. 碰到你感到发笑的事时，你的反应是……

a) 一阵欣赏的大笑

b) 笑着，但不大声

c) 轻声的咯咯的笑

d) 羞怯的微笑

6. 当你去参加一个派对或社交场合时，你……

a) 很大声地入场以引起注意

b) 安静地入场，找你认识的人

c) 非常安静地入场，尽量保持不被注意

7. 当你非常专心工作时，有人打断你，你会……

a) 欢迎他

b) 感到非常恼怒

c) 在上两极端之间

8. 下列颜色中，你最喜欢哪一颜色？

a) 红或橘色

b) 黑色

c）黄或浅蓝色

d）绿色

e）深蓝或紫色

f）白色

g）棕或灰色

9. 临入睡的前几分钟，你在床上的姿势是……

a）仰躺，伸直

b）俯躺，伸直

c）侧躺，微蜷

d）头枕在一手臂上

e）被盖过头

10. 你经常梦到你在……

a）落下

b）打架或挣扎

c）找东西或人

d）飞或漂浮

e）你平常不做梦

f）你的梦都是愉快的

分数分配：

1. A2　B4　C6

2. A6　B4　C7　D2　E1

3. A4　B2　C5　D7　E6

4. A4　B6　C2　D1

5. A6　B4　C3　D5

6. A6　B4　C2

7. A6　B2　C4

8. A6　B7　C5　D4　E3　F2　G1

9. A7　B6　C4　D2　E1

10. A4　B2　C3　D5　E6　F1

得分分析：

【低于 21 分：内向的悲观者】

人们认为你是一个害羞的、神经质的、优柔寡断的人，是需人照顾、永远要别人为你做决定、不想与任何事或任何人有关。他们认为你是一个杞人忧天者，一个永远看不到存在的问题人。有些人认为你令人乏味，只有那些深知你的人知道你不是这样的人。

【21 分到 30 分：缺乏信心的挑剔者】

你的朋友认为你勤勉刻苦、很挑剔。他们认为你是一个谨慎的、十分小心的人，一个缓慢而稳定辛勤工作的人。如果你做任何冲动的或无准备的事，都会令他们大吃一惊。他们认为你会从各个角度仔细地检查一切之后仍经常决定不做。他们认为对你的这种反应一部分是因为你的小心的天性所引起的。

【31 分到 40 分：以牙还牙的自我保护者】

别人认为你是一个明智、谨慎、注重实效的人。也认为你是一个伶俐、有天赋有才干且谦虚的人。你不会很快、很容易和人成为朋友，但却是一个对朋友非常忠诚的人，同时要求朋友对你也有忠诚的回报。那些真正有机会了解你的人会知道要动摇你对朋友的信任是很难的，但相应的，一旦这信任被破坏，会使你很难熬过。

【41 分到 50 分：平衡的中道】

别人认为你是一个新鲜的、有活力的、有魅力的、好玩的、讲究实际的而永远有趣的人；一个经常是群众注意力的焦点，但是你是一个足够平衡的人，不至于因此而昏了头。他们也认为你亲切、和蔼、体贴、能谅解人；一个永远会使人高兴起来并会帮助别人的人。

【51 分到 60 分：吸引人的冒险家】

别人认为你具有令人兴奋的、高度活泼的、相当易冲动的个性；你是一个天生的领袖、一个会很快做决定的人，虽然你的决定不总是对的。他们认为你是大胆的和冒险的，会愿意试做任何事至少一次；是一个愿意尝试机会而欣赏冒险的人。因为你散发的刺激，他们喜欢跟你在一起。

【60 分以上：傲慢的孤独者】

别人认为对你必须"小心处理"。在别人的眼中，你是自负的、自我为中心的，是极端有支配欲、统治欲的。别人可能钦佩你，希望能多像你一点，但不会永远相信你，会对与你更深入的来往有所踌躇及犹豫。

MBTI 测试

什么是 MBTI？MBTI（Myers-BriggsTypeIndicator）是一份性格自测问卷。它由美国的心理学家 KatherineCookBriggs（1875-1968）和她的心理学家女儿 IsabelBriggsMyers 根据瑞士著名的心理分析学家 CarlG. Jung（荣格）的心理类型理论和她们对于人类性格差异的长期观察和研究而著成。经过了长达 50 多年的研究和发展，MBTI 已经成为当今全球最为著名和权威的性格测试。它的应用领域包括：

(1)自我了解和发展

(2)职业发展和规划

(3)组织发展

(4)团队建设

(5)管理和领导能力培训

(6)解决问题能力

(7)情感问题咨询

(8)教育和学校科目的发展

(9)多样性和多元文化性培训

(10)学术咨询

MBTI 通过四项二元轴来测量人在性格和行为方面的喜好和差异。这四项轴分别为：

(1)人的注意力集中所在和精力的来源：外向和内向（Extraversionvs. Introversion)

（2）人获取信息的方式：感知和直觉（Sensingvs. Intuition）

（3）人作决策的方式：思考和感觉（Thinkingvs. Feeling）

（4）人对待外界和处世的方式：计划性和情绪型（Judgingvs. Perceiving）

这四个轴的二元通过排列组合形成了 16 种性格类型。

其实性格类型没有好坏，只有不同。每一种性格特征都有其长处和价值，也有其缺点和需要注意的地方。清楚地了解自己的性格优劣势，有利于更好地发挥自己的特长，而尽可能地在为人处世中避免自己性格中的劣势，更好地和他人相处，更好地作重要的决策。清楚地了解他人（家人、同事等）的性格特征，有利于减少冲突，使家庭和睦，使团队合作更有效。总之，只要你是认真真实地填写了测试问卷，那么通常情况下你都能得到一个确实和你的性格相匹配的类型。希望你能从中或多或少地获得一些有益的信息。

MBTI 各种性格类型的主要特征如下。

（一）感观型

ISTJ

安静、严肃，通过全面性和可靠性获得成功。实际，有责任感。决定有逻辑性，并一步步地朝着目标前进，不易分心。喜欢将工作、家庭和生活都安排得井井有条。重视传统和忠诚。

ISFJ

安静、友好、有责任感和良知。坚定地致力于完成他们的义务。全面、勤勉、精确、忠诚、体贴，留心和记得他们重视的人的小细节，关心他们的感受。努力把工作和家庭环境营造得有序而温馨。

INFJ

寻求思想、关系、物质等之间的意义和联系。希望了解什么能够激励人，对人有很强的洞察力。有责任心，坚持自己的价值观。对于怎样更好地服务大众有清晰的远景。在对于目标的实现过程中有计划而且果断坚定。

INTJ

在实现自己的想法和达成自己的目标时有创新的想法和非凡的动力。能很快洞察到外界事物间的规律并形成长期的远景计划。一旦决定做一件事就会开始规划并直到完成为止。多疑、独立，对于自己和他人能力和表现的要求都非常高。

ISTP

灵活、忍耐力强，是个安静的观察者，直到有问题发生，就会马上行动，找到实用的解决方法。分析事物运作的原理，能从大量的信息中很快地找到关键的症结所在。对于原因和结果感兴趣，用逻辑的方式处理问题，重视效率。

ISFP

安静、友好、敏感、和善。享受当前。喜欢有自己的空间，喜欢按照自己的时间表工作。对于自己的价值观和自己觉得重要的人非常忠诚，有责任心。不喜欢争论和冲突。不会将自己的观念和价值观强加到别人身上。

INFP

理想主义，对于自己的价值观和自己觉得重要的人非常忠诚。希望外部的生活和自己内心的价值观是统一的。好奇心重，很快能看到事情的可能性，能成为实现想法的催化剂。寻求理解别人和帮助他们实现潜能。适应力强，灵活，善于接受，除非是有悖于自己的价值观的。

INTP

对于自己感兴趣的任何事物都寻求找到合理的解释。喜欢理论性的和抽象的事物，热衷于思考而非社交活动。安静、内向、灵活、适应力强。对于自己感兴趣的领域有超凡的集中精力深度解决问题的能力。多疑，有时会有点挑剔，喜欢分析。

(二)直觉型

ESTP

灵活、忍耐力强，实际，注重结果。觉得理论和抽象的解释非常无趣。喜欢积极地采取行动解决问题。注重当前，自然不做作，享受和他人在一起的时刻。喜欢物质享受和时尚。学习新事物最有效的方式是通过亲身感受和练习。

ESFP

外向、友好、接受力强。热爱生活、人类和物质上的享受。喜欢和别人一起将事情做成功。在工作中讲究常识和实用性，并使工作显得有趣。灵活、自然不做作，对于新的任何事物都能很快地适应。学习新事物最有效的方式是和他人一起尝试。

ENFP

热情洋溢、富有想象力。认为人生有很多的可能性。能很快地将事情和信息联系起来，然后很自信地根据自己的判断解决问题。总是需要得到别人的认可，也总是准备着给予他人赏识和帮助。灵活、自然不做作，有很强的即兴发挥的能力，言语流畅。

ENTP

反应快、睿智，有激励别人的能力，警觉性强、直言不讳。在解决新的、具有挑战性的问题时机智而有策略。善于找出理论上的可能性，然后再用战略的眼光分析。善于理解别人。不喜欢例行公事，很少会用相同的方法做相同的事情，倾向于一个接一个地发展新的爱好。

ESTJ

实际、现实主义。果断，一旦下决心就会马上行动。善于将项目和人组织起来将事情完成，并尽可能用最有效率的方法得到结果。注重日常的细节。有一套非常清晰的逻辑标准，有系统性地遵循，并希望他人也同样遵循。在实施计划时强而有力。

ESFJ

热心肠、有责任心、合作。希望周边的环境温馨而和谐，并为此果断地执行。喜欢和他人一起精确并及时地完成任务。事无巨细都会保持忠诚。能体察到他人在日常生活中的所需并竭尽全力帮助。希望自己和自己的所作所为能受到他人的认可和赏识。

ENFJ

热情、为他人着想、易感应、有责任心。非常注重他人的感情、需求和动机。善于发现他人的潜能，并希望能帮助他们实现。能成为个人或群体成长和进步的催化剂。忠诚，对于赞扬和批评都会积极地回应。友善、好社交。在团体中能很好地帮助他人，并有鼓舞他人的领导能力。

ENTJ

坦诚、果断，有天生的领导能力。能很快看到公司/组织程序和政策中的不合理性和低效能性，发展并实施有效和全面的系统来解决问题。善于做长期的计划和目标的设定。通常见多识广，博览群书，喜欢拓宽自己的知识面并将此分享给他人。在陈述自己的想法时非常强而有力。

向性测试

荣格把人的类型分为内向型和外向型，下面的 50 题便是这种"向性"的测试。做测试时注意不要把自己的理想混入其中，不要选择你认为"应该"的选项，而应尽可能客观地把握"现有的"状况，并且还要排除所谓善恶的价值评价。在此前提下，做做下面这些测试吧。

感情方面

1. 喜怒哀乐等感情的表现：

A. 溢于言表　　　　　　　　B. 谨慎、节制

2. 对于愤怒：

A. 立即表现出来　　　　　　B. 克制、埋藏起来

3. 是否乐观？

A. 乐观　　　　　　　　　　B. 忧郁

4. 是否好胜？

A. 好胜，不甘示弱　　　　　B. 怯弱，腼腆

5. 忧虑感：

A. 无忧无虑，满不在乎　　　B. 经常不安，担心

6. 情绪调动：

A. 容易兴奋 　　　　　　　　B. 经常保持冷静

7. 忧郁、开朗的变化：

A. 较多较快 　　　　　　　　B. 较少较慢

8. 是否爽快？

A. 做事干脆爽快 　　　　　　B. 做事拘谨

9. 自寻烦恼，杞人忧天：

A. 经常 　　　　　　　　　　B. 很少

10. 耐性方面：

A. 动不动就感到绝望 　　　　B. 很有耐心

11. 羞耻心（腼腆、害羞）：

A. 弱 　　　　　　　　　　　B. 强

思考方面

12. 思考方法：

A. 经常有新想法 　　　　　　B. 常规性的思考方法

13. 是否很固执？

A. 容易接受他人的意见 　　　B. 固执己见

14. 看待事物的方法：

A. 总是先看到事物的正面

B. 先看到事物的缺陷，批判地看待事物

15. 全盘把握局势：

A. 能做到 　　　　　　　　　B. 目光短浅，只见树木不见森林

16. 逻辑分析：

A. 不擅长 　　　　　　　　　B. 擅长

17. 行动与思考：

A. 做事比较鲁莽 　　　　　　B. 喜欢三思而后行

18. 周密的计划：

A. 没有　　　　　　　　　　B. 有

19. 对于自己的想法：

A. 根据情况而变化　　　　　B. 坚持自己的观点，始终如一

20. 头脑：

A. 灵活，反应敏捷　　　　　B. 反应较慢

21. 是否进行自我反省？

A. 不是　　　　　　　　　　B. 是

22. 经常空想？

A. 有　　　　　　　　　　　B. 没有

行动方面

23. 实干能力：

A. 比较缺乏　　　　　　　　B. 有

24. 毅力、忍耐、韧性：

A. 很强　　　　　　　　　　B. 没有

25. 反应速度：

A. 能够很快做出决断　　　　B. 比较慢

26. 做事态度：

A. 粗心大意　　　　　　　　B. 很认真，办事一丝不苟

27. 对于一些琐事：

A. 非常细心地做好每件事　　B. 马马虎虎

28. 动作：

A. 快　　　　　　　　　　　B. 慢

29. 遇见紧急情况：

A. 沉着冷静　　　　　　　　B. 慌乱，不知所措

30. 适应能力：

A. 能够很快适应新事物新环境　B. 需要较长时间来适应

31. 胆量：

A. 做事大胆，不畏惧困难　　　　B. 非常谨慎

32. 对自己所做的事情：

A. 很有信心　　　　　　　　　　B. 缺乏信心

33. 对于自己喜欢或计划要做的事：

A. 立即去做　　　　　　　　　　B. 拖拉，畏首畏尾

34. 工作、娱乐：

A. 不确定，随时选择　　　　　　B. 容易着迷

对待别人

35. 交际圈：

A. 很广　　　　　　　　　　　　B. 窄

36. 交往方式：

A. 与很多人的泛泛之交　　　　　B. 交往不多，但都是知己

37. 喜欢一个人待着？

A. 喜欢　　　　　　　　　　　　B. 不喜欢

38. 与初次见面的人：

A. 很容易混熟　　　　　　　　　B. 难深交

39. 吐露心声：

A. 喜欢向别人吐露心声　　　　　B. 自己闷在心里

40. 观察能力：

A. 洞察别人的一举一动　　　　　B. 不管别人感受

41. 公众讲演：

A. 擅长、喜欢　　　　　　　　　B. 不擅长、胆怯

42. 幽默：

A. 喜欢开玩笑　　　　　　　　　B. 一本正经，不苟言笑

43. 对于难以启齿的事情：

A. 直截了当地说出来　　　　　　B. 含糊其词，拐弯抹角

44. 日常话语：

A. 多嘴多舌   B. 寡言少语

45. 对于别人的怂恿：

A. 容易接受   B. 抗拒心理

46. 乐于助人：

A. 是   B. 不爱多管闲事

47. 当别人命令或指挥自己时：

A. 服从   B. 不服从

48. 责任感：

A. 不太强   B. 很强

49. 妥协性：

A. 容易对人做出让步   B. 从不轻易让步

50. 奉承别人：

A. 经常   B. 很少

得分方法：

统计一下你的选择，选 A 的次数减去选 B 的次数再乘以 4 就是你的向性指数，指数越高说明你越趋于外向。

五种性格类型的测试

日本学者把性格分为五种类型：内在性性格、同调性性格、黏着性性格、自我显示性性格和神经质性性格。

内在性性格的人的性格特征是：

(1) 不擅长社交，安静，真挚，缺乏幽默感，没有进取心，非常谨慎、神秘、乖僻。

(2) 腼腆，害羞，怯懦，神经过敏，敏感胆小，不易兴奋。

(3) 老好人，温顺，稳重，沉着，寡言，感觉迟钝。

同调性性格的人有三种不甚相同的性格特征：

(1)擅长社交，老好人，亲切，老实，温和。

(2)开朗活泼，幽默，性急。

(3)安静温柔，忧郁，不活泼。

黏着性性格的人又可分为三群，性格特征大致如下：

(1)第一类群：坚定的人格，对事物专心致志，一丝不苟，遵守秩序。

(2)第二类群：感觉迟钝，领会理解力差，恭敬，殷勤，说话、做事喜欢拐弯抹角。

(3)第三类群：爆发性强，容易生气，痴迷，忘我。

自我显示性性格的人的性格特征如下：

(1)自我显示欲强，好胜，孩子气。

(2)以自我为中心，易受外界影响，感情表现夸张。

(3)喜欢空想，意志脆弱。

神经质性性格的人有如下性格特征：

(1)对刺激过敏。

(2)反应过度、怯懦、小心、忧心忡忡。

(3)缺乏自信，有自卑感。

(4)易疲劳，强迫神经症性。

下面有 100 个题目，请坦率且尽快地做出选择，不要过于沉思。

1. 不喜欢在众人面前滔滔不绝

A. 非常符合 　　　　　　　B. 比较符合

C. 难以确定 　　　　　　　D. 不符合

2. 性格开朗、直率

A. 非常符合 　　　　　　　B. 比较符合

C. 难以确定 　　　　　　　D. 不符合

3. 彬彬有礼，对人真诚、殷勤

A. 非常符合 　　　　　　　B. 比较符合

C. 难以确定 　　　　　　　D. 不符合

4. 喜欢热闹盛大的场合

A. 非常符合 　　　　　 B. 比较符合

C. 难以确定 　　　　　 D. 不符合

5. 经常欲言又止

A. 非常符合 　　　　　 B. 比较符合

C. 难以确定 　　　　　 D. 不符合

6. 能够清楚区分自己与他人

A. 非常符合 　　　　　 B. 比较符合

C. 难以确定 　　　　　 D. 不符合

7. 喜欢交际，经常帮助别人

A. 非常符合 　　　　　 B. 比较符合

C. 难以确定 　　　　　 D. 不符合

8. 非常讨厌言行举止随便

A. 非常符合 　　　　　 B. 比较符合

C. 难以确定 　　　　　 D. 不符合

9. 做事情顾虑重重

A. 非常符合 　　　　　 B. 比较符合

C. 难以确定 　　　　　 D. 不符合

10. 在聚会上总是非常活跃

A. 非常符合 　　　　　 B. 比较符合

C. 难以确定 　　　　　 D. 不符合

11. 喜欢静静地思考，不喜欢热闹

A. 非常符合 　　　　　 B. 比较符合

C. 难以确定 　　　　　 D. 不符合

12. 活泼好动

A. 非常符合 　　　　　 B. 比较符合

C. 难以确定 　　　　　 D. 不符合

13. 做事情沉着冷静，不急躁

A. 非常符合   B. 比较符合

C. 难以确定   D. 不符合

14. 和人交谈时，手舞足蹈

A. 非常符合   B. 比较符合

C. 难以确定   D. 不符合

15. 动作笨拙，不灵活

A. 非常符合   B. 比较符合

C. 难以确定   D. 不符合

16. 喜欢想象

A. 非常符合   B. 比较符合

C. 难以确定   D. 不符合

17. 乐于在公众场合抛头露面

A. 非常符合   B. 比较符合

C. 难以确定   D. 不符合

18. 厌恶不道德的事情，富有正义感

A. 非常符合   B. 比较符合

C. 难以确定   D. 不符合

19. 渴望得到别人的肯定和重视

A. 非常符合   B. 比较符合

C. 难以确定   D. 不符合

20. 感觉灵敏

A. 非常符合   B. 比较符合

C. 难以确定   D. 不符合

21. 有时候让人觉得难以接近

A. 非常符合   B. 比较符合

C. 难以确定   D. 不符合

22. 被人称作老好人，值得信任

A. 非常符合　　　　　　　　B. 比较符合

C. 难以确定　　　　　　　　D. 不符合

23. 有时候被人说成死脑筋

A. 非常符合　　　　　　　　B. 比较符合

C. 难以确定　　　　　　　　D. 不符合

24. 常被人说固执己见

A. 非常符合　　　　　　　　B. 比较符合

C. 难以确定　　　　　　　　D. 不符合

25. 经常认为自己不如别人，有自卑感

A. 非常符合　　　　　　　　B. 比较符合

C. 难以确定　　　　　　　　D. 不符合

26. 不苟言笑

A. 非常符合　　　　　　　　B. 比较符合

C. 难以确定　　　　　　　　D. 不符合

27. 做事有些性急

A. 非常符合　　　　　　　　B. 比较符合

C. 难以确定　　　　　　　　D. 不符合

28. 做事一丝不苟，非常细致周密

A. 非常符合　　　　　　　　B. 比较符合

C. 难以确定　　　　　　　　D. 不符合

29. 容易相信别人

A. 非常符合　　　　　　　　B. 比较符合

C. 难以确定　　　　　　　　D. 不符合

30. 做出决定时，常常犹豫不决

A. 非常符合　　　　　　　　B. 比较符合

C. 难以确定　　　　　　　　D. 不符合

31. 不喜欢向人吐露心声

A. 非常符合 　　　　　　B. 比较符合

C. 难以确定 　　　　　　D. 不符合

32. 对所有事物都心存善意

A. 非常符合 　　　　　　B. 比较符合

C. 难以确定 　　　　　　D. 不符合

33. 遵守约定，知恩图报

A. 非常符合 　　　　　　B. 比较符合

C. 难以确定 　　　　　　D. 不符合

34. 喜怒哀乐溢于言表

A. 非常符合 　　　　　　B. 比较符合

C. 难以确定 　　　　　　D. 不符合

35. 很担心被人误解，喜欢辩解

A. 非常符合 　　　　　　B. 比较符合

C. 难以确定 　　　　　　D. 不符合

36. 讨厌取悦别人的同事或同学

A. 非常符合 　　　　　　B. 比较符合

C. 难以确定 　　　　　　D. 不符合

37. 常做淘气的事情

A. 非常符合 　　　　　　B. 比较符合

C. 难以确定 　　　　　　D. 不符合

38. 做事善始善终

A. 非常符合 　　　　　　B. 比较符合

C. 难以确定 　　　　　　D. 不符合

39. 先看到事物好的方面

A. 非常符合 　　　　　　B. 比较符合

C. 难以确定 　　　　　　D. 不符合

40. 经常紧张不安

A. 非常符合　　　　　　　　B. 比较符合

C. 难以确定　　　　　　　　D. 不符合

41. 我行我素，不管别人的看法

A. 非常符合　　　　　　　　B. 比较符合

C. 难以确定　　　　　　　　D. 不符合

42. 虽然认为自己的观点是正确的，但并不愿为此和人发生争论

A. 非常符合　　　　　　　　B. 比较符合

C. 难以确定　　　　　　　　D. 不符合

43. 忍耐力强，很少发火，但一发火就很强烈

A. 非常符合　　　　　　　　B. 比较符合

C. 难以确定　　　　　　　　D. 不符合

44. 从不服输，输了心里会很难受

A. 非常符合　　　　　　　　B. 比较符合

C. 难以确定　　　　　　　　D. 不符合

45. 特别留意身体的变化，担心自己有病

A. 非常符合　　　　　　　　B. 比较符合

C. 难以确定　　　　　　　　D. 不符合

46. 非常热爱大自然，喜欢外出旅游

A. 非常符合　　　　　　　　B. 比较符合

C. 难以确定　　　　　　　　D. 不符合

47. 时常觉得人生无意义，一切很无聊

A. 非常符合　　　　　　　　B. 比较符合

C. 难以确定　　　　　　　　D. 不符合

48. 说话速度比较慢

A. 非常符合　　　　　　　　B. 比较符合

C. 难以确定　　　　　　　　D. 不符合

第二章　你究竟属于什么样的人

49. 喜欢紧跟时代，不愿落伍

A. 非常符合 　　　　　　　　B. 比较符合

C. 难以确定 　　　　　　　　D. 不符合

50. 做事情喜欢尽善尽美

A. 非常符合 　　　　　　　　B. 比较符合

C. 难以确定 　　　　　　　　D. 不符合

51. 不关心与己无关的事情

A. 非常符合 　　　　　　　　B. 比较符合

C. 难以确定 　　　　　　　　D. 不符合

52. 喜欢按自己的意愿行事

A. 非常符合 　　　　　　　　B. 比较符合

C. 难以确定 　　　　　　　　D. 不符合

53. 做事情持之以恒

A. 非常符合 　　　　　　　　B. 比较符合

C. 难以确定 　　　　　　　　D. 不符合

54. 兴趣广泛，但变化很快

A. 非常符合 　　　　　　　　B. 比较符合

C. 难以确定 　　　　　　　　D. 不符合

55. 做事情知难而退，没有毅力

A. 非常符合 　　　　　　　　B. 比较符合

C. 难以确定 　　　　　　　　D. 不符合

56. 喜欢讥讽别人，揭人家的伤疤

A. 非常符合 　　　　　　　　B. 比较符合

C. 难以确定 　　　　　　　　D. 不符合

57. 不计较过去的事情

A. 非常符合 　　　　　　　　B. 比较符合

C. 难以确定 　　　　　　　　D. 不符合

58. 决定了就不会轻易改变

A. 非常符合　　　　　　　　B. 比较符合

C. 难以确定　　　　　　　　D. 不符合

59. 时常感到自己是怀才不遇

A. 非常符合　　　　　　　　B. 比较符合

C. 难以确定　　　　　　　　D. 不符合

60. 事情不顺利时喜欢事后诸葛亮

A. 非常符合　　　　　　　　B. 比较符合

C. 难以确定　　　　　　　　D. 不符合

61. 喜欢诗歌、小说、音乐和美术等等

A. 非常符合　　　　　　　　B. 比较符合

C. 难以确定　　　　　　　　D. 不符合

62. 总是很忙碌，不停地做事

A. 非常符合　　　　　　　　B. 比较符合

C. 难以确定　　　　　　　　D. 不符合

63. 做事考虑不周，总是丢三落四

A. 非常符合　　　　　　　　B. 比较符合

C. 难以确定　　　　　　　　D. 不符合

64. 常常沉浸在小说、电影世界里，很快进入角色

A. 非常符合　　　　　　　　B. 比较符合

C. 难以确定　　　　　　　　D. 不符合

65. 读书时忍受不了一点噪音

A. 非常符合　　　　　　　　B. 比较符合

C. 难以确定　　　　　　　　D. 不符合

66. 没有理想的生活使自己很苦恼

A. 非常符合　　　　　　　　B. 比较符合

C. 难以确定　　　　　　　　D. 不符合

67. 无原则地相信别人

A. 非常符合　　　　　　　　B. 比较符合

C. 难以确定　　　　　　　　D. 不符合

68. 自己的东西不愿意给别人使用

A. 非常符合　　　　　　　　B. 比较符合

C. 难以确定　　　　　　　　D. 不符合

69. 遇见讨厌的事物或人立即表现出来

A. 非常符合　　　　　　　　B. 比较符合

C. 难以确定　　　　　　　　D. 不符合

70. 拘泥小节，计较小事

A. 非常符合　　　　　　　　B. 比较符合

C. 难以确定　　　　　　　　D. 不符合

71. 喜欢一个人独处

A. 非常符合　　　　　　　　B. 比较符合

C. 难以确定　　　　　　　　D. 不符合

72. 爽朗的背后藏着一颗忧郁的心

A. 非常符合　　　　　　　　B. 比较符合

C. 难以确定　　　　　　　　D. 不符合

73. 喜欢干净，自己的东西都很整洁

A. 非常符合　　　　　　　　B. 比较符合

C. 难以确定　　　　　　　　D. 不符合

74. 喜欢华丽的外表

A. 非常符合　　　　　　　　B. 比较符合

C. 难以确定　　　　　　　　D. 不符合

75. 越不愿意想的事情越是挥之不去

A. 非常符合　　　　　　　　B. 比较符合

C. 难以确定　　　　　　　　D. 不符合

76. 过于敏感，经常误解别人

A. 非常符合　　　　　　　　B. 比较符合

C. 难以确定　　　　　　　　D. 不符合

77. 知识丰富，幽默感强

A. 非常符合　　　　　　　　B. 比较符合

C. 难以确定　　　　　　　　D. 不符合

78. 做事专一，善始善终

A. 非常符合　　　　　　　　B. 比较符合

C. 难以确定　　　　　　　　D. 不符合

79. 喜欢嫉妒比自己强的人

A. 非常符合　　　　　　　　B. 比较符合

C. 难以确定　　　　　　　　D. 不符合

80. 不在自己的床上睡觉，就会失眠

A. 非常符合　　　　　　　　B. 比较符合

C. 难以确定　　　　　　　　D. 不符合

81. 常被人称为老古怪

A. 非常符合　　　　　　　　B. 比较符合

C. 难以确定　　　　　　　　D. 不符合

82. 做事鲁莽，常后悔

A. 非常符合　　　　　　　　B. 比较符合

C. 难以确定　　　　　　　　D. 不符合

83. 很节俭，从不浪费钱物

A. 非常符合　　　　　　　　B. 比较符合

C. 难以确定　　　　　　　　D. 不符合

84. 喜欢被人奉承，易受唆使

A. 非常符合　　　　　　　　B. 比较符合

C. 难以确定　　　　　　　　D. 不符合

85. 总把事情想坏，常杞人忧天

A. 非常符合 　　　　　　　B. 比较符合

C. 难以确定 　　　　　　　D. 不符合

86. 少有同情心

A. 非常符合 　　　　　　　B. 比较符合

C. 难以确定 　　　　　　　D. 不符合

87. 很容易被可怜话打动

A. 非常符合 　　　　　　　B. 比较符合

C. 难以确定 　　　　　　　D. 不符合

88. 讨厌不守规则的人

A. 非常符合 　　　　　　　B. 比较符合

C. 难以确定 　　　　　　　D. 不符合

89. 崇拜有钱有势的人

A. 非常符合 　　　　　　　B. 比较符合

C. 难以确定 　　　　　　　D. 不符合

90. 生活一没规律就难受得不行

A. 非常符合 　　　　　　　B. 比较符合

C. 难以确定 　　　　　　　D. 不符合

91. 做起事情来会无视周围人的吵闹

A. 非常符合 　　　　　　　B. 比较符合

C. 难以确定 　　　　　　　D. 不符合

92. 即使生气了也不会记恨很久

A. 非常符合 　　　　　　　B. 比较符合

C. 难以确定 　　　　　　　D. 不符合

93. 喜欢追根究底，弄清楚事情的来龙去脉

A. 非常符合 　　　　　　　B. 比较符合

C. 难以确定 　　　　　　　D. 不符合

94. 遇到困难时寄希望于别人的帮助

A. 非常符合　　　　　　　B. 比较符合

C. 难以确定　　　　　　　D. 不符合

95. 办事慎重，不会不留退路

A. 非常符合　　　　　　　B. 比较符合

C. 难以确定　　　　　　　D. 不符合

96. 不肯原谅别人的错误

A. 非常符合　　　　　　　B. 比较符合

C. 难以确定　　　　　　　D. 不符合

97. 能容得下异己

A. 非常符合　　　　　　　B. 比较符合

C. 难以确定　　　　　　　D. 不符合

98. 发起火来不管不顾

A. 非常符合　　　　　　　B. 比较符合

C. 难以确定　　　　　　　D. 不符合

99. 善恶分明，待人豪爽

A. 非常符合　　　　　　　B. 比较符合

C. 难以确定　　　　　　　D. 不符合

100. 害怕疾病，有恐高症

A. 非常符合　　　　　　　B. 比较符合

C. 难以确定　　　　　　　D. 不符合

得分标准：

选 A 得 3 分，选 B 得 2 分，选 C 得 1 分，选 D 得 0 分。

填写下面的表格，统计你的得分。

总分最多的列对应的就是你的主要性格类型。如果有两个或两个以上最高分，可以认为是几种性格的均衡混合。

场景测试

这是一次场景性格测试，让我们一起踏上未知的旅途吧！你的选择将体现出你的真实性格。

场景：

1. 你在森林的深处，你向前走，看见前面有一座很旧的小屋。这个小屋的门现在是什么状态？（开着／关着）

2. 你走进屋子里看见一张桌子，这个桌子是什么形状的？（圆形／椭圆形／正方形／长方形／三角形）

3. 在桌子上有个花瓶，瓶子里有水，有多少水在花瓶里？（满的／一半／空的）

4. 这个瓶子是由什么材料制造的？（玻璃／陶瓷／泥土／金属／塑料／木头）

5. 你走出屋子，继续向森林深处前进，你看见远处有瀑布飞流直下，请问水流的速度是多少？（你可以从 0～10 中任意选一个出来形容水流速度）

6. 过了一会儿，你走过瀑布，站在坚硬的地面上，你看见地上有金光闪烁，你弯腰拾起来，是一个带着钥匙的钥匙链。有多少把钥匙拴在上面？（你可以从 1～10 中任意选一个数字）

7. 你继续向前走，试着找出一条路来，突然你发现眼前有一座城堡。这个城堡是什么样的？（旧的／新的）

8. 你走进城堡，看见一个游泳池，黑暗的水面上漂浮着很多闪闪发光的宝石，你会捡起这些宝石吗？（是／不）

9. 在这个黑暗的游泳池旁边还有一座游泳池。清澈的水面上漂浮着很多枚钱币。你会捡起这些钱币吗？（是／不）

10. 你走到城堡的尽头有一个出口，你继续向前走出了城堡。在城堡外面，你看见一座大花园，你看见地面上有一个箱子。这个箱子是多大尺寸的？（小／中／大）

11. 这个箱子是什么材料做的？（硬纸板／纸／木头／金属）

12. 花园里还有座桥在离箱子不远处。桥是什么材料建造的？（金属/木头/藤条）

13. 走过这座桥，有一匹马。马是什么颜色的？（白色/灰色/褐色/黑色）

14. 马正在做什么？（安静地站着/吃草/在附近奔跑）

15. 哦，不！离马很近的地方突然刮起了一阵龙卷风。这时你有三种选择，你会怎样？

（1）跑过去藏在箱子里。

（2）跑过去藏在桥底下。

（3）跑过去骑马离开。

选择分析：

1. 门

门如果是开着的：说明你是一个任何事都愿与别人分享的人。

门如果是关着的：说明你是一个任何事都愿一个人去做的人。

2. 桌子的形状

圆形/椭圆形：总有一些朋友陪伴着你，你完全地信任并接受他们。

正方形/长方形：你在交朋友的时候有点挑剔，你只是和那些你认为比较熟悉的朋友有一些来往。

三角形：在对待朋友的问题上，你是一个真正的非常吹毛求疵的人，所以你的生活里没有许多朋友。

3. 瓶子里的水

空的：你目前的生活很不满意。

一半：你的生活只有一半达到你的理想。

满的：你对目前的生活非常满意。

4. 瓶子的质地

玻璃/泥土/陶瓷：在生活里你是一个脆弱而需要得到照顾的人。

金属/塑料/木头：你在生活里是一个强者。

5. 水流速度

0：你根本没有性欲

1~4：你的性欲很低

5：中等水平的性欲

6~9：很强的性欲

10：哇噻！你有超强的性欲，生活里没有性根本不行。

6. 钥匙

1：生活中你只有一个好朋友。

2~5：生活中你有一些好朋友。

6~10：生活中你有许多好朋友。

7. 城堡

旧的：显示你在过去的交往中有一段不好的和不值得纪念的关系。

新的：显示你在过去的交往中有一段很好的交往，现在仍然鲜活地驻留在你心里。

8. 从脏水的游泳池里捡宝石

是：当你的伴侣在你身边时，你依然和周围的人调情。

不：当你的伴侣在你身边时，你绝大多数时间只会围着他/她转。

9. 从清澈的游泳池里捡钱币

是：当你的伴侣不在你身边时，你会和周围的人调情。

不：当你的伴侣不在你身边时，你也会忠实于他/她，不和周围的人调情。

10. 箱子的大小

小：不自负。

中等：比较自负。

大：非常自负。

11. 箱子的材料(从表面看)

硬纸/纸/木头(不闪光)：谦虚的性格。

金属：骄傲而顽固的性格。

12. 桥的材料

金属：和朋友有非常紧密的联系。

木头：和朋友有比较紧密的联系。

藤条：周围没有很好的朋友。

13. 马的颜色

白色：你的伴侣在你心目中非常纯洁而美好。

灰色/褐色：你的伴侣在你心目中的位置一般。

黑色：你的伴侣在你心目中好像根本不怎么样，甚至还很坏。

14. 马的动作

安静/吃草：你的伴侣是一个顾家的、谦虚的人。

在附近奔跑：你的伴侣是一个非常狂野的人。

15. 这是最后一个问题但也是最重要的问题。对了，故事的结尾是一阵龙卷风，你怎么去做呢？

现在，我们看看题目中的这些事物代表的是什么：

龙卷风——你生活中的麻烦

箱子——你自己

桥——你的朋友

马——你的伴侣

如果你选择箱子：无论何时遇到麻烦你都会自己解决。

或者你选择桥：无论何时遇到麻烦你都将去找你的朋友一起解决。

又或者你选择最后的一匹马：你寻找的伴侣是你无论何时遇到麻烦都要和他/她一起去面对的人。

从睡觉姿势看性格

日本的心理学专家研究指出，从一个人熟睡时的姿势可以看出其性格的倾向性。对照下面列出的几种睡觉姿势，你属于哪一种呢？根据你的选择就可透射出你的部分性格特征。

睡觉姿势：

1. 侧卧睡觉的人。

2. 像猫一般缩成一团睡觉的人。

3. 抱紧枕头侧睡的人。

4. 仰卧的人。

5. 如鸵鸟一般趴着睡觉的人。

6. 睡着后常踢被子的人。

选择分析：

1. 思维敏捷，圆滑，办事负责踏实，诚实可靠。在工作与娱乐场所中，非常受人爱戴。唯胆量小，欠缺耐心。

2. 优柔寡断，遇事犹豫不决，对现实不满，对未来也无规划。唯一的乐事就是躲在被窝里胡思乱想。

3. 由于此种睡姿看起来睡相甜蜜，正可说明这种人喜欢人家赞美与疼爱他。办事积极热心，不怕困难，是个坦白直率又有刚强毅力的人。

4. 此种人性格怯懦，感情极易冲动，喜追求不易实现的理想。

5. 这种姿势意味着隔绝了这个世界，没有奋斗的意志，因此形成自甘堕落、自私自利的个性。

6. 这种人善于交际，爱好自由，不喜受到任何束缚，但也因此而缺乏自制力。

从脱衣习惯看性格

美国佛罗里达州一位心理学博士指出，一个人"脱衣"的方式，可以显露出他们的性格。他指出好几种"脱衣习惯"，来解释各种不同的性格。这套理论，用于自我分析较合适。请回答：你是以下哪种人？

1. 常常慢条斯理，而且煞有介事的人。

2. 脱衣速度快，有如狂风卷落叶的人。

3. 一进门或寝室，便迫不及待地把鞋子踢掉的人。

4. 衣服脱去后，散放在屋子每一个角落，从不收拾的人。

5. 脱衣服时整齐而有条理，并把衣服折好或挂起的人。

6. 女士们在卸妆时，如果经常先把佩戴的饰物除下，然后再"宽衣解带"的人。

7. 脱衣的方式并无一定的"模式"或程序，次次都不同的人。

选择分析：

1. 你充满自信，而且对自己目前所过的生活感到满足。

2. 你性格外向而友善。

3. 你是个完美主义者，对任何事情都非常认真，绝不苟且。

4. 你是自信心和主观欲望都非常强的人，且富于理智及聪颖过人，是所谓的知识分子典型。

5. 你多半是善解人意的人，容易接受别人的意见。

6. 你多半性格纯良温厚，思想深刻，同时敏感而又罗曼蒂克。

7. 你一定是个性独特且风趣。

心理适应性测验

心理适应性的强弱关系到我们能否工作得愉快、生活得幸福。想知道自己的"应变弹性"怎么样吗？下面这些测试题将帮助你找到答案。

1. 当收到来自税务局或环境监理会的一封沉甸甸的信时，你会：

A. 试着自己来弄清事情的缘由。

B. 装作没看见，随便谁捡起谁去处理。

C. 找个理由推给办公室其他同事去处理。

2. 你急着赴约，中途却被拥挤的交通所阻，你会：

A. 设想等候者会体谅你是不得已而迟到。

B. 很着急，但想想也无益，干脆不去想了。

C. 变得急躁不堪，同时想象等候者恼火的样子。

3. 一件很重要的东西不见了，这时你会：

A. 不动声色地对最近一段时间的行为作一番仔细回顾。

B. 急忙把那些可能的地方找一遍。

C. 疯狂地掀起地毯来搜索。

4. 你向来用钢笔写字，现在要你换圆珠笔书写，你会：

A. 感觉上与用钢笔没什么差别。

B. 有时有点不顺手。

C. 感到别扭。

5. 你在大会上演说的姿态、表情、条理性及准确性与你在科室里讲话相比怎样？

A. 基本上没什么差别。

B. 说不准，看具体的情况而定。

C. 显然要逊色多了。

6. 改白班为夜班之后，尽管你做了努力，但工作效率总不如那些和你同时改班制的人高，是吗？

A. 不是这样的。

B. 说不上。

C. 对。

7. 你手头的任务已临近最后的截止日期了，你会：

A. 变得更有效率了。

B. 心中暗急，但仍勉力维持正常状况。

C. 开始错误百出。

8. 在与人激烈争吵了一番以后，你会：

A. 不受影响，继续专心工作。

B. 转回到工作上，但有时难免出神。

C. 唠叨个不停，工作量递减。

9. 你出差或旅游到外地，住进招待所、旅馆，睡在陌生的床铺上，你会：

A. 和在家感觉没什么差别。

B. 有时会失眠。

C. 失眠得很厉害，连调一种睡眠姿势，换一个枕头也会引起新的失眠。

10. 参加一个全是陌生人的聚会，你会：

A. 立即加入最活跃的一群，热烈谈话。

B. 有时感到不自在，有时又能从这种状态中摆脱出来，与人相叙甚欢。

C. 先灌几杯酒让自己放松一下。

11. 改夏时制后，你会：

A. 很快就习惯了。

B. 起初的两三天感到不习惯。

C. 在相当长一段时间内发生紊乱。

12. 有人劈头盖脸给了你一顿指责攻击，你会：

A. 头脑清醒，冷静而适度地予以回击。

B. 在当时就还了几句，但不甚中要害。

C. 一下蒙了，过后才去想当时该如何进行反击。

13. 你事先给一位朋友打电话预约登门拜访，他答应届时恭候。可当你如约前往，他却有急事出去了。这时，你会：

A. 充分利用这一空当，为自己下一步要做的事计划一番。

B. 有些不满，但既来之则安之。

C. 嘀咕不已。

14. 只有在安静的环境中，你才能读书，外面喧哗嘈杂之时你便分心吗？

A. 不，只要不是跟我吵，坐在集市货摊之间也照读不误。

B. 看热闹的程度而定。

C. 是的。

15. 同学们总说小王脾气执拗，难以相处，你：

A. 倒觉得小王蛮好接近的，大家恐怕太不了解他。

B. 说不上对他什么感觉。

C. 也有同感。

得分标准：

选 A 得 1 分，选 B 得 2 分，选 C 得 5 分。

说明：

分数为 15~29：心理适应性强。

世界千变万化而你"游刃有余"，生活中的各种压力你常能化之于无形；你过得心情愉快、万事如意，这种精神品质有利于你的心理平衡与健康，你是个生命力强的人。

分数为 30~57：心理适应性中等。

事物的变化及刺激不会使你失魂落魄，一般情形你都能作出相应的适度反应，可是如果事件比较重大、变得比较突兀，那你的适应期就要拖长。你了解这种情况之后，最好预先准备，锻炼自己的快速适应能力。

分数为 58~75：适应能力差。

你对世界的变化、生活的摩擦很不习惯，如此磨损你会过早"断裂"的。不过，只要意识到了，还是有希望改善此状况的。首先你要从思想上对那些你总是看不惯的东西冷静地剖析一番，它们真是十分难以忍受吗？其次，要在心理上具备灵活转移、顺应时变的快速反应能力，不要将自己拘禁在惯有的固定模式中。

创造力测验

创造力测试主要测试你性格中的冒险性和创造性特征。

下面共有 50 道测试题，最好你能在 10 分钟内完成。

1. 做事我总是有的放矢，用正确的方法来解决每一个具体问题

A. 同意 　　　　　 B. 难以确定 　　　　　 C. 不同意

2. 我认为，只提出问题而不想寻求答案，显然是浪费时间

A. 同意 　　　　　 B. 难以确定 　　　　　 C. 不同意

3. 我对无论什么事情产生兴趣都比别人困难

A. 同意 　　　　　 B. 难以确定 　　　　　 C. 不同意

4. 我认为，合乎逻辑的、循序渐进的方法，无疑是解决问题的最佳方法

A. 同意   B. 难以确定   C. 不同意

5. 有时，我在团体中发表的意见，似乎使一些人感到厌烦

A. 同意   B. 难以确定   C. 不同意

6. 我极其在意别人是怎样看待我的

A. 同意   B. 难以确定   C. 不同意

7. 做自认为是正确的事情，比试图获取赞同要重要得多

A. 同意   B. 难以确定   C. 不同意

8. 我看不起那些做事似乎没有把握的人

A. 同意   B. 难以确定   C. 不同意

9. 我需要的刺激比别人多

A. 同意   B. 难以确定   C. 不同意

10. 我知道如何在考验面前保持内心的镇静

A. 同意   B. 难以确定   C. 不同意

11. 我能坚持不懈地解决难题

A. 同意   B. 难以确定   C. 不同意

12. 有时我对事情过于热情洋溢

A. 同意   B. 难以确定   C. 不同意

13. 在无事可做时，我会常常想出好点子

A. 同意   B. 难以确定   C. 不同意

14. 在解决问题时，我经常凭直觉来判断对与错

A. 同意   B. 难以确定   C. 不同意

15. 我分析问题较快，而综合所收集的资料速度较慢

A. 同意   B. 难以确定   C. 不同意

16. 有时我打破常规去做本来没想到要去做的事

A. 同意   B. 难以确定   C. 不同意

17. 我热衷于收藏各类物品

A. 同意　　　　　　　B. 难以确定　　　　　　　C. 不同意

18. 幻想使我的思维方式变得更新颖

A. 同意　　　　　　　B. 难以确定　　　　　　　C. 不同意

19. 我欣赏客观而又理性的人

A. 同意　　　　　　　B. 难以确定　　　　　　　C. 不同意

20. 如果要我在本职工作之外的两种职业中选择一种，我宁愿选择当实际工作者，而不是探索者

A. 同意　　　　　　　B. 难以确定　　　　　　　C. 不同意

21. 我能与自己的同事或同行们融洽地相处

A. 同意　　　　　　　B. 难以确定　　　　　　　C. 不同意

22. 我有较好的审美感

A. 同意　　　　　　　B. 难以确定　　　　　　　C. 不同意

23. 我始终在追求着名利和地位

A. 同意　　　　　　　B. 难以确定　　　　　　　C. 不同意

24. 我喜欢坚信自己观念的人

A. 同意　　　　　　　B. 难以确定　　　　　　　C. 不同意

25. 灵感与成功或失败无关

A. 同意　　　　　　　B. 难以确定　　　　　　　C. 不同意

26. 争论时，使我感到有趣的是，原来与我观点相左的人成了我的朋友

A. 同意　　　　　　　B. 难以确定　　　　　　　C. 不同意

27. 我更大的乐趣在于提出新的建议，而不在于设法说服别人接受这些建议

A. 同意　　　　　　　B. 难以确定　　　　　　　C. 不同意

28. 我乐意独自一人整天沉思冥想

A. 同意　　　　　　　B. 难以确定　　　　　　　C. 不同意

29. 我避免做那些使我感到卑微的工作

A. 同意　　　　　　　B. 难以确定　　　　　　　C. 不同意

30. 在评估资料时，我觉得资料的来源比其内容更为重要

　A. 同意　　　　　　　B. 难以确定　　　　　　C. 不同意

31. 我对那些不确实和不可预料的事有点反感

　A. 同意　　　　　　　B. 难以确定　　　　　　C. 不同意

32. 我喜欢埋头苦干的人

　A. 同意　　　　　　　B. 难以确定　　　　　　C. 不同意

33. 一个人的自尊比得到他人的尊重更为重要

　A. 同意　　　　　　　B. 难以确定　　　　　　C. 不同意

34. 我觉得那些苛求完美的人是不明智的

　A. 同意　　　　　　　B. 难以确定　　　　　　C. 不同意

35. 我宁愿在集体中努力工作，而不愿意单独工作

　A. 同意　　　　　　　B. 难以确定　　　　　　C. 不同意

36. 我喜欢那种能对别人产生影响的工作

　A. 同意　　　　　　　B. 难以确定　　　　　　C. 不同意

37. 在生活中，我经常碰到不能用对与错来加以判断的问题

　A. 同意　　　　　　　B. 难以确定　　　　　　C. 不同意

38. 对我来说，"各得其所""各在其位"都是很重要的

　A. 同意　　　　　　　B. 难以确定　　　　　　C. 不同意

39. 那些使用古怪和不常用的词语的作家，纯粹是为了炫耀卖弄

　A. 同意　　　　　　　B. 难以确定　　　　　　C. 不同意

40. 许多人之所以感到苦恼，是因为他们把事情看得太认真了

　A. 同意　　　　　　　B. 难以确定　　　　　　C. 不同意

41. 即使遭到不幸、挫折和敌视，我仍然能够对我选定的工作保持原来的
热情

　A. 同意　　　　　　　B. 难以确定　　　　　　C. 不同意

42. 想入非非的人是脱离实际的

　A. 同意　　　　　　　B. 难以确定　　　　　　C. 不同意

43. 我对"我不知道的事"比"我知道的事"更深刻

A. 同意　　　　　B. 难以确定　　　　　C. 不同意

44. 我对"这可能是什么"比"这是什么"更感兴趣

A. 同意　　　　　B. 难以确定　　　　　C. 不同意

45. 我经常为自己在无意之中出口伤人而感到不舒服

A. 同意　　　　　B. 难以确定　　　　　C. 不同意

46. 我乐意为新颖的想法而花费大量时间，并不要求实际的回报

A. 同意　　　　　B. 难以确定　　　　　C. 不同意

47. 我认为，"出主意没什么了不起"这种说法是中肯的

A. 同意　　　　　B. 难以确定　　　　　C. 不同意

48. 我不喜欢提出那种显得浅薄无知的问题

A. 同意　　　　　B. 难以确定　　　　　C. 不同意

49. 一旦任务在肩，即使受到挫折，我也要坚决完成

A. 同意　　　　　B. 难以确定　　　　　C. 不同意

50. 从下面描述人物性格的形容词中，挑选出 10 个你认为最能说明体现你性格的词：

精神饱满的有说服力的实事求是的虚心的

观察力敏锐的谨慎的束手束脚的足智多谋的

自高自大的有主见的有献身精神的有独创性的

性急的高效的乐意助人的坚强的

老练的有克制力的热情的时髦的

自信的不屈不挠的有远见的机灵的

好奇的有组织能力的铁石心肠的思路清晰的

脾气温顺的可预言的拘泥形式的不拘礼节的

有理解力的有朝气的严于律己的精干的

讲实惠的感觉灵敏的无畏的严格的

一丝不苟的谦逊的复杂的漫不经心的

柔顺的创新的实干的泰然自若的

渴求知识的好交际的善良的孤独的

不满足的易动感情的

得分说明：

如果你的总分在 30~55 分之间，创造性一般！

如果你的总分在 56~84 分之间，创造性强！

观察力测验

观察力是获取外界信息的一种能力，它是智力的组成部分。观察力强弱在人们之间的差异确实很大。即使对善于从观察事物中捕捉艺术形象的诗人、作家也不例外。阿·托尔斯泰在《论文学》中讲了高尔基、安德烈耶夫和蒲宁三位文豪比观察力的故事。一次，他们三人在意大利一家餐馆见到一个人，他们分别观察 3 分钟得出各自结论。高尔基的结论是，那人脸色苍白，穿灰色西装，还有细长而发红的手。安德烈耶夫什么特征也没把握住，成绩最差。蒲宁的观察力则十分惊人，在同样 3 分钟里，不仅几乎抓住了那个人所有特点，还根据这些特点断定那人是个骗子，后来向餐馆老板打听果然不错。可见，观察力强的人不仅能迅速捕捉信息，还能很快做出判断，尽可能发现事物的本质。国外一位科学家说："一个观察力强的人步行两公里所看到的事物，比一个粗枝大叶、走马看花的人乘火车旅行两千公里所看到的东西要多。"

完成下面的测试题：

1. 机车是我们生活中的重要交通工具，它的两个轮子一转能载着你到处跑。请问，当车子前进时是前轮先转动还是后轮先转动，或是前后轮一齐转动呢？

2. 你一定知道保温杯，说不定每天都要打几次交道。那么请问，在你给保温杯注水时，是将水注满保温时间长，还是不注满留点空隙保温时间长？

3. 你是个城市居民，每天上下班外出办事都要经过几次十字路口。即使你是深居农村的农民，也曾进城走亲访友，那么请问，红绿灯上，红灯是在左边还是右边呢？

4. 无论你受过什么教育，都读过很多书，至于那些手不释卷整天和书打交道的人对书就更熟悉了。那么请问，书的双数页是在书的左边还是右边呢？

5. 俗话说："月儿弯弯照九州，几家欢乐几家愁。"普照九州的弯月，你一定很熟悉她，那么当你明天晚上再看她时，她比今晚是要亏些还是盈些？

6. 国旗上镶的五星是什么颜色呢？

7. 螺丝是我们生活中常见的零件，你即使不是机械工人也不止一次见过，说不定你曾用螺丝起子或扳手松紧和上下过螺丝。那么请问，螺丝帽是几面体呢？

8. 在骄阳似火、酷暑闷热的夏天，人们摇起扇子，知了在高枝上长鸣，老母鸡在树荫下伸张着翅膀。那么大黄狗是什么姿态呢？

9. 电风扇是你夏季的好朋友，时刻准备为你效劳，只要你扭动开关就能给你带来清风凉意。那么请问，当它为你驱暑送爽的时候是顺时针还是逆时针旋转？

10. 你可能不止一次去电影院、剧院看节目，在里面都设有太平门（又称安全门），它是供人们在紧急情况下疏散用的门。那么请问，太平门是在座位的左边还是右边呢？

答案

1. 后轮。

2. 留点空隙保温时间长。

3. 右边。

4. 左边。

5. 将会渐渐亏些。为帮助记忆，可记住 DOC 三个英文字母。在北半球，当月亮形状像 D 时，月亮将渐盈；当形状像 C 时，将渐亏。首先是 D 形弯月，然后是满月，即像字母 O。

6. 黄色。

7. 八面。

8. 吐舌头。

9. 顺时针。

10. 不一定。

评分方法：

以上共10题，每题2分共20分。10题答完以后对照答案，符合的得2分，不符合的得0分。然后算出你的总分。按得分数确定A、B、C三种观察类型：

16~20分：A

10~14分：B

8分以下：C

诊断与建议：

A. 观察力良好

你对周围的事物抱有热情，观察事物认真细心，即使那些被人认为司空见惯或细枝末节的琐事你也不放过。你是一个观察力很好的人。敏锐的观察力使你在成功的航程上扬帆疾进。你要珍视这种能力，说不定你会成为科学技术、文化艺术界中一株奇葩。

B. 观察力很好

你比较留心周围事物，也能做出正确判断。你的不足是视野小，视力弱，不善于全面区分事物的差异，有时把大同小异或小同大异的事物等同起来。凭着印象做出判断，难免有一些局限性。

C. 观察力差

这并不说明你天分不好，你往往是对周围世界冷漠、心不在焉。你也可能辛辛苦苦、忙忙碌碌，但获得的信息可能不多。观察是判断的基础，缺少观察力对人对事难免带有盲目性。送你托尔斯泰一句名言："应该训练自己会观察，去热爱这件事。观察——永远去观察，时时刻刻去观察。"

领导能力测验

你是个有领导能力的人吗？请完成下面的测验题。

1. 别人拜托你帮忙，你很少拒绝吗？（是/否）

2. 为了避免与人发生争执，即使你是对的，你也不愿发表意见吗？（是/否）

3. 你遵守一般的法规吗？（是/否）

4. 你经常向别人说抱歉吗？（是/否）

5. 如果有人笑你身上的衣服，你会再穿它一遍吗？（是/否）

6. 你永远走在时髦的前列吗？（是/否）

7. 你曾经穿那种好看却不舒服的衣服吗？（是/否）

8. 开车或坐车时，你曾经咒骂别的驾驶者吗？（是/否）

9. 你对反应较慢的人没有耐心吗？（是/否）

10. 你经常对人发誓吗？（是/否）

11. 你经常让对方觉得不如你或比你差劲吗？（是/否）

12. 你曾经大力批评电视上的言论吗？（是/否）

13. 如果请的工人没有做好，你会有反应吗？（是/否）

14. 你惯于坦白自己的想法，而不考虑后果吗？（是/否）

15. 你是个不轻易忍受别人的人吗？（是/否）

16. 与人争论时，你不在乎输赢吗？（是/否）

17. 你总是让别人替你做重要的事吗？（是/否）

18. 你喜欢将钱投资在财富上，而胜过于个人成长吗？（是/否）

19. 你故意在穿着上吸引他人的注意吗？（是/否）

20. 你不喜欢标新立异吗？（是/否）

分数分配：

选择"是"得 1 分，选择"否"得 0 分。

得分分析：

分数为 14～20：你是个标准的跟随者，不适合领导别人。你喜欢被动地听人指挥。在紧急的情况下，你多半不会主动出头带领群众，但你很愿意跟大家配合。

分数为 7～13：你是个介于领导者和跟随者之间的人。你可以随时带头，或指挥别人该怎么做。不过，因为你的个性不够积极，冲劲不足，所以常常是扮演跟随者的角色。

分数为 6 以下：你是个天生的领导者。你的个性很强，不愿接受别人的指挥。你喜欢使唤别人，如果别人不愿听从的话，你就会变得很叛逆，不肯轻易服从别人。

信心测试

你是不是一个充满信心的人呢？懂不懂得谦虚呢？有没有安全感呢？测测吧。

1. 你经常欣赏自己的照片吗？（是/否）

2. 别人批评你，你不以为意吗？（是/否）

3. 如果想买新款贴身衣服，可以邮购，也可以到店里去。你会尽量亲自到店里去吗？（是/否）

4. 你总是觉得自己比别人强吗？（是/否）

5. 你是个受欢迎的人吗？（是/否）

6. 如果酒店服务员的服务态度不好，你会告诉他们经理吗？（是/否）

7. 正在开会时，如果你突然很想上洗手间，你会忍着直到会议结束吗？（是/否）

8. 买衣服前，你通常先听取别人的意见吗？（是/否）

9. 你认为自己的能力比别人强吗？（是/否）

10. 你认为自己是个绝佳的情人吗？（是/否）

11. 你对自己的外表满意吗？（是/否）

12. 你认为自己很有魅力吗？（是/否）

13. 在正式场合下，只有你穿得不很体面，你会感到不以为意吗？（是/否）

14. 你决心做某件事，但没有人赞同你，你还会继续吗？（是/否）

15. 你经常对人说出你真正的意见吗？（是/否）

16. 你有幽默感吗？（是/否）

17. 现在的工作正符合你的专长吗？（是/否）

18. 你知道怎么搭配衣服吗？（是/否）

19. 出现危险情况时，你是不是很冷静？（是/否）

20. 你与别人合作得很不错吗？（是/否）

21. 对别人的赞美，你经常持怀疑的态度吗？（是/否）

22. 你认为自己是个不寻常的人吗？（是/否）

23. 你很少羡慕别人的成就吗？（是/否）

24. 你认为你的优点比缺点多吗？（是/否）

25. 你很少为了讨好别人而打扮吗？（是/否）

26. 如果在非故意的情况下伤了别人的心，你会难过吗？（是/否）

27. 你从不会任由他人来支配你的生活吗？（是/否）

28. 你会不会为了不使恋人难过，而放弃自己喜欢做的事？（是/否）

29. 和人发生了矛盾，即使在不是你的错的情况下，你经常跟人说抱歉吗？（是/否）

30. 你很少勉强自己做许多不愿意做的事吗？（是/否）

31. 你希望自己具备更多的才能和天赋吗？（是/否）

32. 你经常听取别人的意见吗？（是/否）

33. 你的记性很好吗？（是/否）

34. 你是不是每天照镜子超过三次？（是/否）

35. 你很有个性吗？（是/否）

36. 你是个优秀的领导者吗？（是/否）

37. 在聚会上，你经常等别人先跟你打招呼吗？（是/否）

38. 你对异性很有吸引力吗？（是/否）

39. 你知道怎么理财吗？（是/否）

40. 你希望自己长得像某某人吗？（是/否）

说明：

回答各问题时，选第一个答案的得 1 分，选第二个答案的得 0 分。算算自己得了多少分。根据你的分数，看看自己属于哪种情况。

分数为 25~40：说明你对自己信心十足，明白自己的优点，同时也清楚自己的缺点。不过，在此警告你一声：如果你的得分将近 40 的话，别人可能会认为你很自大狂傲，甚至气焰太盛。你不妨在别人面前谦虚一点，这样人缘才会好。

分数为 12~24：说明你对自己颇有自信，但是你仍或多或少缺乏安全感，对自己产生怀疑。你不妨提醒自己，在优点和长处各方面并不输人，特别强调自己的才能和成就。

分数为 11 分以下：说明你对自己显然不太有信心。你过于谦虚和自我压抑，因此经常受人支配。从现在起，尽量不要去想自己的弱点，多往好的一面去衡量。先学会看重自己，别人才会真正看重你。

第三章　什么样的人才能够成就大事

　　每个人都想拥有更好的性格或者个性。可事实是有人成功，也总是有人失败；有人能从失败中崛起，最终走向成功，有人却自成功中堕落，深陷失败深渊；有人拥有近乎完美的性格，有人却孤僻、暴躁、自卑、懒惰、怯懦抑或贪婪等等，缺陷重重。

　　而所有的成功或失败，机遇固然重要，可根源却是在我们自身——我们的心灵，或者说是性格。

完美无缺的性格是不存在的

卡利斯丁说过一句名言："在诸多的成功因素中，性格是最重要的。"他所说的性格不是指我们天生的性格，而主要是说智商和情商的区别。大部分人都认为智商高的人才容易成功，但其实成功往往取决于情商。很多时候，你会发现身边总有那么一些人，没有很高的文凭，也不是非常的聪明，可是他们善于待人，能够把握机会，机遇总是很多，活得比别人都好。看似偶然，其实不然。

其实性格没有绝对的好坏之分，每种性格都有其一定的优缺点。正是因为多样，世界才如此精彩。不过优点要发扬，缺点要弥补，这个自不用说。

对前面分析的四种性格类型力量型、完美型、和平型、活泼型，以和平型为例，试想一下，假如全世界的人都是和平型的人，那么大家就都安于现状，没有进步，整个人类社会岂不是要停滞不前？

假如全世界的人都是力量型的性格，那每天除了战争就是争斗，没有一丝安宁了。

假如所有人的性格都是活泼型的，那么每天除了笑声就是欢语，除了打闹就是玩笑，除了寻欢就是作乐，社会也不能前进了。

如果所有人都是完美型的呢？好了，每个人每一天除了挑刺就是找事，正常的工作和生活也无法进行下去。

每种性格都有优点

四种性格类型的人各有各的优点。

活泼型的人如果做领导，可能不会总揽大权，却会巧妙地分配工作，有效地管理下属，适时地授予权限；感染力很强，具有号召力和别具风格的领导力，富有魅力，善于激励和启发属下，激励属下热情地工作。活泼型的人总是寻找新事物，喜欢新鲜空气，富有创造力和想象力。新公司要发展，往往离不开活泼型的人来注入力量和新思想。假如我们搞一台节目，活泼型的人最适合主持人和司仪的工作，因为他们的活跃会把气氛搞得很好。活泼型的人非常主动，喜欢自告奋勇，虽然往往会做出力不能及的承诺。他们做事往往闪电般地开始，流星般地结束。他们懂得把工作和生活变成乐趣，他们会边唱歌边收拾卫生，边哼曲边扫地，干起活来很开心的样子，这一点是很值得我们学习的。他们总会有很多的主意，喜欢发动别人去完成自己想做的事情。他们会提出很好的创意，但却尽量避免自己去做，喜欢利用自己的魅力让别人去做，这是活泼型人的一个很大的特点。活泼型的人拥有诸多的性格优势，因此很多的名人，包括出色的主持人、优秀的演说家、有名的演员、企业家等等，都出自活泼族。

完美型的人是思考者，工作严肃认真，目标长远。他们的座右铭是：要做就要做得最好。他们一旦认定了目标，就会不惜一切代价地去做。他们不会一时心血来潮，寻找刺激，做些飘忽短暂的事情，而是喜欢为人生制订长远的目标，不图快只图好。完美型的人看问题很全面，不像活泼型的人往往只看到激情一点；完美型的人要的是把事情办妥，而活泼型的人要办快办乐；完美型的人喜欢按计划有条不紊地做事，分析问题注意细节、可行性和经济效益；活泼型的人则往往激情高涨，忽略一些重要细节；完美型的人喜欢看数据说问题，而活泼型的人总是看人。完美型的人善始善终，具有天赋，天资聪慧，是这个世界上的巨人。例如曾在罗马的梵蒂冈教堂天花板上创作了举世闻名的《创世纪》壁画的优秀雕塑家米开朗琪罗，他同时还是著名的诗人、建筑师，具有典型的完美型性格。壁画中的 9 个场景是他用了三四年的时间，躺在离地面 70 英尺的工作台上完成的。创作《大卫》时，为了了解人体结构，他亲自到停尸房解剖尸体，研究肌肉和筋骨。许多的思想家、艺术家、工程师、科学家以及策划师等等都属于完美型性格的人。

力量型的人目标明确，行动迅速。他们往往认为完成目标比取悦他人更有趣。而活泼型的人却认为让别人高兴比什么都重要。也可以说，活泼型的人在说，完美型的人在想，力量型的人在做。力量型的人往往能在别人失败的地方取得成功，这是值得我们学习的地方。力量型的人不需要环境好，他们会把环境改变，而活泼型的人则只有在好的环境下才可能把事情做好。力量型的人是天生的领导者，能够综观全局，运筹帷幄，是处理问题、解决难题的高手。危难时找力量型的朋友帮忙绝对没错。消防队长最好是力量型的，换成其他性格的人可能会麻烦。力量型的人有一个明显的特点，就是注重实际，我行我素，顺我者昌，逆我者亡。力量型的领导只关心实际，只要你有能力有成绩，什么都好说。他们天生有领导能力，自我感觉总是很好，对员工很好，照顾员工的福利，但也非常严格。力量型的人还有一个值得我们学习的地方，就是他们往往越挫越勇，永不言败。他们做事情很有主见，即使大家都反对他们，他们也会逆行到底。在遇到挫折的时候，活泼型的人反而会很高兴，因为终于有借口放弃这早已没有趣味的事情了；完美型的人会后悔已经付出了很多的精力；和平型的人也会放弃，因为本来一开始就不想做这件事情；力量型的朋友却不同，他会坚持到底。对力量型的朋友来说，困难和挫折恰恰是最好的前进和成功的动力。很多的运动员都是力量型的，正是因为他们的竞争意识特别强，喜欢挑战，不怕挫折。

有人曾做过这样一个实验，就是请一位力量型的人上台介绍自己，台下的听众有组织有意识地哄笑；而请一位和平型的人上台介绍自己时，台下听众则非常善意地鼓掌鼓励。此时，我们将会看到很是有趣的现象：力量型的本应该越挫越勇，可是在大家的哄笑下却也难以继续，结结巴巴。而和平型的朋友，虽然开始左顾右盼，非常害羞，非常平和，可是在不断的掌声鼓励下，却也会越来越勇敢，越讲越兴奋。可以得出结论，即使是很平和的性格，只要我们鼓励他，他也会变得有竞争欲望；力量型的人在众人的为难下，往往也会有些迟疑和退缩。这就说明了性格是可以重塑和改变的。

每种性格都有缺陷

每种性格都有其优点，同时也有其缺陷。

活泼型的人，无论何时何地，都能和人愉快地交谈，带给人活力，但是如果超过一定的限度，活力和不停的说辞就变成了滔滔不绝、信口开河，反而让人生厌。

完美型的人喜欢周密地思考，这是其优点所在，常因此而受人尊敬。但是如果超过了一定限度，就变成了钻牛角尖，且容易因为计划受挫而情绪不振。

力量型的人雷厉风行的领导才能让人敬佩，且在现今社会需求广泛。但是，从另一个角度看，这也是固执独断，专横跋扈。

和平型的人待人随和，不生是非，受人欢迎。但超过一定限度，则变成了毫无主见，麻木不仁。

当我们仔细分析自己的性格时，应注意哪些方面能够得到别人的认同和赞赏，从而提高自己的形象；同时，我们也必须当心，哪些方面做得有些过分，冒犯了别人，不利于自己的发展，要下功夫改正。可以说每个人都有"致命"的弱点，莎士比亚笔下的伟大英雄哈姆雷特、麦克白、李尔王、亨利大帝等等，不也都有导致败绩的致命缺陷吗？其实我们每个人身上都流淌着英雄的血液，只是并非每个人都能充分正当地发挥出英雄的潜能。假如对应于自己的致命弱点置之不理，失败在所难免。现在就让我们实事求是地审视自己，找出并克服性格缺陷，成功就会向你招手。

如何使活泼型的人变得有条理

活泼型的人喜欢改变，喜欢接受新事物，喜欢结交朋友，往往受人欢迎。但是他们有一些缺点阻碍了他们的进步和成功。

(一) 活泼型的人说话太多

活泼型的人对数字往往没有什么概念。因此，劝他们少说话，用具体的数字概念没有什么作用，比如说让他们少说百分之多少之类的话是没有用的。如果让他们说话减半，或许还能有些作用。控制他们说话的一个最简单的方法就是当他们讲完一件事情时，及时打断，免得再继续下一个同样的故事。活泼型的人往往是觉察不到自己的厌烦的，所以他们需要明确的提醒。假如你是一个活泼型的朋友，讲话时，你应该留意别人的表情：当听众开始东张西望，搜寻他人的身影或别人的目光时，说明他们已经对你的讲话失去兴趣；当听众躲避你的目光时，他们已经分心了；当他们去厕所不见回影时，你真的应该及时刹住了。

(二)活泼型的人只会说不会做

他们会有很多的好主意，但却很少去付诸实践。当你劝解他们改正这个缺点时，他的反应就会很好地再次体现出这个问题。假如你问他："你什么时候尝试我的建议呢?"他会说："今天太累了，明天再说吧。噢，明天我要出去办事情，后天有个同学要过来玩。我记住你的话了，好建议。呵呵。"另外，由于受人欢迎，他们通常会认为自己没有任何缺陷，因此他们从来不会主动去思考应该去改正什么地方。

(三)活泼型的人往往以自我为中心

活泼型的人有些自私，他们不会去用心关注别人，只看到自己。讲起自己的故事他们滔滔不绝，却不去留意别人的感受。他们可能大谈别人丝毫不感兴趣的东西，不管人家是否烦得要命。活泼型的人其实不适合做老师，因为他们只会站在台上讲课，不会听取学生的意见，不会与学生进行有效的互动交流。

活泼型的人不会强迫自己去对别人感兴趣，他们通常认为自己应该站在生活的舞台上，别人天生就应该当观众。虽然活泼型的人能够将角色发挥至极，但就像我们中的大多数人一样，别人越是注视自己，自己就会变得越来越自高自大，目中无人，以自我为中心。

(四)活泼型的人变化无常，容易忘记朋友

活泼型的人会有很多的朋友，但却没有几个知心的朋友。高兴时，他们

会和你一起玩，不高兴时就不答理你。当你需要他的帮助时，你就找不到他的踪影了。他们拥有的只是一些志趣相投的人，并非真正的朋友。他们喜欢招呼那些欣赏、喜爱或是崇拜他们的人在一起，喜欢那些愿意付出的人帮他们做事，但不喜欢帮助别人。他们整天忙些刺激又没用的事情，根本无暇顾及他们的麻烦。

（五）活泼型的人没记性

他们不关心别人，不注意听别人讲话，因此总是记不住别人的名字。与他们相处或许很有趣，可一会儿当你发现他记不起你是谁时，你就会很受伤。卡耐基在其《人性的弱点》一书中说过："世界上最美的声音是一个人的名字。"他指出，许多人的成功很大程度上要归功于他们能够集中精力去记住他人的名字。活泼型的人并非天生记忆障碍，他们能记住自己感兴趣的东西，而且对某些"精彩情节"记得特别牢。他们不认为有什么极端重要的事情，不注重细节，不喜欢图表、多彩的幻想和残酷的现实。完美型的人喜欢细节，能够记住最平凡不过的事情，因此，和活泼型的人永远是最佳伙伴：完美型的人能够将事情办好，活泼型的人则将事情办得生趣。

（六）活泼型的人办事无条理

人们一般会认为活泼型的人最容易成功，但其实不然。他们虽然有活力，有主意，善交际，但他们条理性差，几乎不能将自己的想法组织和实践下去。而且，一旦得到一点成功，他们就容易骄傲；如果某件事需要很长的时间去准备和实施，他们就会放弃。因此，你会发现，活泼型的人总是不断地跳槽。就像莎士比亚所说的，他们永远不想长大，希望自己是超人，飞到一个享乐岛而不必面对残酷的现实。成熟其实不在于年龄的大小，而在于我们是否有勇气去承担义务和责任。

如何使力量型的人平缓下来

力量型的人好胜心太强。

力量型的人自小就好胜，无论大小事，他们忍受不了不如别人。他们总是能合理地解释为什么"都是别人的错，不关我事"。一旦他们意识到自己的问题，就会很快改进，因为他们想证明自己的能力：只要自己下定决心，什么事都可以做到。

他们通常工作很出色，比任何性格的人都肯下功夫，但同时他们不愿意休息和放松。他们认为活着就要不断地进步和成功，勇往直前，不懂得劳逸之说。这种性格促使他们前进、前进、再前进。只要有事情做，他们就不会闲下来。但是他们必须认识到休息的重要性，否则身体可能早早垮掉。

力量型的人工作能力超强，比其他任何性格的人都更易迅速取得成功。活泼性的人需要力量型人的督促来完成工作，完美型的人往往需要力量型的人来迫使他分析现实处境，和平型的人需要力量型的人来指导其确定前进目标。力量型的人天生具有领导才能。

力量型的人认定目标，决不分心，他们不允许任何东西挡住前进的道路。这种成功驱动力值得其他性格的人去学习。但是他们必须意识到，自己的紧迫感给了周围人很大的压力，以至于其他人不愿意和他们一起工作和做事。力量型的人一定要注意不要成为工作狂，否则将会让人感到可怕而陷于孤立。他们还必须学会去适应环境，不要总是想操控一切，要学会休息，要学会给别人发挥能力的机会，要学会参加别人组织的活动。

力量型的人总是一意孤行。他们的最大缺点就是太固执，总是认为只有自己的观点才是对的，别人都是错的。他们总是喜欢用最快最好的方法去完成工作，指示别人去做，若不听从他的，就是你的不对。他们喜欢高高在上，俯视众生。他们有惊人的方法去使别人实现自己的目的。活泼型的人具有吸引力，而力量型的人具有控制力，两种的混合者具有非凡的控制方法，使别人服从而且快乐着。

劝告力量型的人是很困难的，因为他们总是能证明为什么自己是对的，他们绝对不会心服口服地承认自己是错的。力量型的人的最大敌人就是他自己，拒绝看到自己的缺点使他们不能再进一步。正确和得人心，他们始终会选择前者；当他们一旦立稳足跟，便不再具有任何弹性。

如何使完美型的人懂得快乐

完美型的人可以说是各种极端的结合体，而且同时具有最高和最低两个极端。他们往往喜欢研究个性，因为这样可以帮助他们自省，但他们又怕这样做，因为担心可能正在某些极其简单的事情上浪费时间。他们是复杂的，自己都很难弄懂自己，因此很难确切地说他们属于哪一类。他们始终相信自己在世界上是独一无二的，自己是对的，世界是错的。

（一）完美型的人容易得抑郁症

完美型的人对所讲的每一句话都深思熟虑，并且认为别人亦如此，每个人的每句话都应该是深藏寓意的。活泼型或是力量型的人随意跟完美型的人讲一句话，都会让他研究半天，甚至误会至深。因此，完美型的人常常是自寻烦恼，久而久之会变得沮丧、抑郁。他们应该去学着看到事物的积极面，要尽量去克制自己的消极思想，应该像活泼型的人要学着条理些一样，学着快乐些。

（二）完美型的人容易产生自卑感

完美型的人流淌着消极的血液，因为他们对自己要求太过苛刻。达不到要求时，他们就会自惭形秽，觉得自己很没用，不如别人，以至于不敢和人交往。

（三）完美型的人喜欢拖拉

完美型的人自然都是完美主义者，他们不想去制订和实施什么伟大的计划，因为他们惧怕失败。完美型的人做事一般都有较高的标准，每件事都要做到最好，这是好事；但因此而办事拖拖拉拉，不干不脆，或者将这种高标准强加给别人时，便成了一个缺点。

如何使和平型的人振作起来

和平型的人通常比较低调，这是优点也是缺点。他们的优缺点一般都深藏不露，虽然表面是平和、亲切的，但并不易沟通。没有很明显的缺点，这就是和平型人的最大优点。他们没有脾气，不闹情绪，不惹是生非，但缺乏热情，没有主见。

和平型的人得过且过，没有追求。

和平型的人和完美型的人的共同缺点就是得过且过，虽然理由会有所不同。完美型的人只有当万事俱备只欠成功的时候才去做某一件事情；和平型的人得过且过、拖拖拉拉的原因是他们根本就不想做事情。他们的消极避世可能会避免许多麻烦，但也会因此而失去许多获得幸福和成功的机遇。

性格与财富

性格决定你赚钱的方式

不懂赚钱的技巧就和不考虑自己的个性来选择工作同理。

正如每个人都有自己的性格一样，取财之道也与性格类型有着重大的关系。

"为何我会如此困窘，难道真的与财运无缘？"

从性格上来说，做事按部就班、脚踏实地的人与凡事草率、马虎的人，乃是两种截然不同的人，势必也会选择不同的职业。这是因为——如果选择了不适合自己性格的工作，则工作与能力必定有所差距而无法胜任。如此一来，错误的选择只会增加个人的压力，使人累得喘不过气来。结果便如跌落万丈深渊一般，从此一蹶不振，类似的例子可以说比比皆是。

那么，知道自己的性格之后，是否等于保证自己能够顺利地赚到钱、拥有财富呢？事实亦不然，赚钱绝非你想象中的易事。

举例而言，商人卖出商品需要有顾客，而商人购进商品则需通过批发商，彼此关系都很密切。又如公司里的上司与下属的关系，也是一种"赚钱关系"。假如你身为董事长，就必定需要一个得力的左右手相助，就算非董事会成员，只要双方"投缘度"甚高，仍可视之为理想的工作伙伴。相反的，有些企业经营者却经常叹道："我们公司虽有许多人才，业绩却总是无法提高。"

诸如这些整天紧皱着眉头的公司董事长，可以肯定的是，他和周围人的赚钱投缘度必定很低。

第三章 什么样的人才能够成就大事

123

"自我金钱量表"便是针对想赚钱之人与周围人的赚钱投缘度，及对赚钱所需性格加以了解的一种测验。一提到"赚钱"二字，一般人总会有一种满身铜臭、贪图享受的印象。尽管有人将"赚钱"说成是"做生意"，那只是说法不同而已，做生意的目的原本就在于赚取最大的利润，始终不脱其赚钱的本质。

"自我金钱量表"基础是"自我量表"，"自我量表"是美国的精神分析医师爱力克·班，以"交流分析"为基础所发展出来的一种图表。所谓"交流分析"，意指在人与人的交往中，应将他人的心理部分加以分析，这是继承弗洛伊德的精神分析论，称之为 T·A。

"自我金钱量表"将自我量表加以进一步延伸，范围仅指赚钱方面。

简单地说：

自我量表即分析自己在日常生活中究竟有哪些想法？会有什么样的行动？对于每种事情会有什么样的态度？然后针对这些项目——加以分析，可见，这一量表是一种有助于了解自己具有何种性格的心理分析法。

而当一个人要掌握他人的心理时，又应如何加以分类呢？弗洛伊德曾将"自我"分为三个部分：超我、自我、本我。

爱力克·班又将自我分析发展如下：

1. 父母的自我状态大凡孩提时代所接受的教导和感化，若皆由父母亲而来，便易生成与父母亲相似的言谈举止。此类型者的言行与父母无异，姿势也与父母类似。以下区分 P(P 代表为人父母者)为两种模式：

(1)CP

CP 是指较具批判性的父母而言，特质偏属于父亲形象的理想、良知、责任感、偏见、道德观、伦理观、价值观等，有压抑个人的倾向，由此发挥的自我具有遵守、维持社会秩序的特点。

(2)NP

即保护性的父母，好比保护幼儿，具有爱心、感情、耐心的母亲一般。在此家庭中成长的人，对别人的包容性较强，经常会为对方的立场着想，性情亲切温和，喜欢照顾别人。

2. 成人的自我状态

以理性特质而言，这一部分的自我，不管什么事都会依据事实来作判断思考。这种类型的人会关心社会，努力收集信息，极想拥有准确又踏实的思考方式。一旦意志有所决定，对偏见性的想法及本能的欲求便会加以控制，故其提高独立性，富有综合性的知识能力较强。

3. 孩童的自我状态

此种类型的人大都处于刚出生时的白纸状态，就其本能的欲求与感情而言，此部分的自我往往呈现出赤子之心。

亦即具自由之心的孩童性格，或谓不受父母影响的自然之心。性情充满天真和浪漫的气质，富有灵感，创造性强，颇具表现欲，性格明朗开放。

步入社会后，这一部分的自我就会开始出现并主宰个人，又因孩童时代企求母爱的自我仍然存在，此时的子女尚有不愿叛逆父母之意的心态，而且期待周围的人也能肯定自己是个优秀的人，经常介意别人的眼光，善于压抑自己的感情，使自己原有的本质不得不隐瞒下来。

如何拥有富足的人生

你应该把注意力放在你追求目标、完成任务的过程上，而不要仅仅局限偏执于最终的结果上。幸福存在于你体验人生之旅的过程中，而不在于最终的物质收获中。

只有靠自己才能开创人生的繁荣富足，而不是靠任何外部的力量。要你努力，你所有渴求向往的梦想以及人生的繁荣都能得以实现。如果现在你还未曾体会和享受过任何的人生繁荣，那就立即出发去找寻。

有些人的时间大多数是在困顿和忧愁中度过的。那时他始终认为只有幸运儿的人生才能开出绚烂的繁花，像那些生于富贵之家的人，或是拥有特殊天才的人。后来他开始运用自己的智慧努力去实现自己的愿望。然后他高兴地发现原来自己也能够拥有自己想要的东西。现在他已经通过自己的努力实现了无数的梦想，同时还不遗余力地把自己的方法教给更多的人。

繁荣的人生不仅仅意味着得到一切你想要的，更重要的是得到你最缺少的。实现人生繁荣的目的在于得到你所需要的东西，在你最需要它们的时候，而不单单只是一个累积金钱和财产的游戏。

你要坚信自己有能力实现你人生的繁荣。你要释放自己内心强大的无穷力量，对自己的一切充满信心。如果你继续固守旧有的思维方式，墨守成规不思进步，那么你永远也无法改变使你失望透顶的现状。

不可胜数的人们为了财富不知疲倦地奋斗着，熙熙攘攘的人群皆为一个"利"字，他们以为这样就能得到幸福和快乐。他们渴望一辆昂贵的汽车，一幢豪华的别墅，当然还想要更多的钱。但是一旦这些愿望都得以实现，他们却仍然不会满足，继续贪婪地追逐下一个目标。他们对物质的追逐永远也不会停止下来，到死方休。

一个人应该从对物质占有的迷恋中挣脱出来，去实现真正的人生繁荣。没有物质财富的束缚，你就是一个完美的人。无论你是否拥有物质财富，你都有权利选择幸福并实现人生的价值。

只有当一个人坚信自己应该得到幸福、自己的人生一定能过得繁荣璀璨的时候，你才能真正实现它们。你和其他任何人一样重要。你必须由衷地相信你是最特别的，你值得拥有你生命中将要发生的幸福、成功等一切灿烂美好的事情。

而繁荣成功的人生另一个不可或缺的组成部分就是要懂得给予别人。仅仅自私地专注于自己能够得到些什么，并不能为你带来真正的成功与幸福。

你应该把注意力放在你追求目标、完成任务的过程上，而不要仅仅局限偏执于最终的结果上。幸福存在于你体验人生之旅的过程中，而不在于最终的物质收获中。

倘若能在头脑中用想象为自己描绘勾勒出繁荣人生的蓝图，这也有助于使你更好的实现愿望。每一天都在你的脑海中重复一次，蓝图就会越来越清晰明确，而最终一切都将自然而然地得以实现。如此，你就不会被急切的占有欲所纠缠困扰，而能通过正当的途径得到那些你真正需要的东西。实现人生的繁荣是由你体验生活的方式所决定的，而不在于你拥有些什么。

摒除那些妨碍你实现人生繁荣的思想。人生的繁荣和成功，其程度和范围都是不可限量的。把你的注意力集中在目前你所拥有的东西上，而不要缅怀那些已失去或缺少的东西。你并没有失去什么，你想要的一切就围绕在你的身边，你仅仅需要意识到这一点并诚心地接受它就足够了。

你应努力把你的心态从惧怕贫穷转变成接受人生的繁荣。专心致志地多思考你希望得到什么，你就能最大限度地实现愿望。

不要害怕你所渴望的东西会被别人抢先得到，而你将因此一无所获。这世界能源源不绝地为你提供你所需要的一切，永不枯竭。

你已经具备了获得幸福快乐、繁荣人生以及成功所需要的一切要素。只要你坚信这一点，你就一定能实现所有的梦想。

不要以损害他人的利益为代价换取自己的成功。别人同样拥有追求并获得成功的权利。所以，要学会尽心尽力地帮助别人，就像帮助你自己一样。

你要坚定不移地把握自己的命运，你应该得到最好的东西，你也一定能够得到。通过认真思考，仔细确定什么是你想要得到的，而幸福人生的繁荣和成功对你又意味着什么。理清想法以后就要朝着目标不懈地努力，不要再退而求其次去追求低层次的琐屑目标。

从自己的实际情况出发，做那些能使你乐在其中、身心愉悦的事情。对自己所做的每一个决定都要勇于承担全部责任。

如果你放弃对金钱盲目的追求，全力去做你真正感兴趣的事，你就能因此赚到更多的钱、过得更快乐，绝不会被扰乱心智的贪欲所控制和操纵。

对于你强烈渴望得到的东西，如果它对你的人生目标是一种妨碍和干扰，那么获得它就有可能会摧毁你，导致你功亏一篑。不要为一个小小的物质目标过于劳心费神，耗尽心力，那只会妨碍和阻止你实现更高远的人生目标，获得更大的成功。

内向型性格与财富

内向的性格更有利于专注于一点，并且取得别人意想不到的成功，这才是他们最大的优势。

完美型性格的人大多内向，具有内向型性格的人：腼腆、寡言、文静、不善交际。具有这种性格的人一般不会选择那些与人交往特别频繁的事业。然而，这并不意味着他们定一无所成，相反，他们内向的性格更有利于专注于一点，并且取得别人意想不到的成功，这才是他们最大的优势。

不去争表面上有利可图的那些生意。从表面上看起来，最有利可图的生意，做起来往往是最没有利的。别人认为无利可图，微不足道的生意反而可能有厚利可赚。无论是什么行业，如果你下一番功夫尽力去做，那么一定有成功的一天。

在别人不注意、未曾开发的小地方下功夫，开发自己的事业，往往可以成大业。

日本京都有一个叫作长泽三次的年轻董事长，他就是在不被人看在眼里的书套纸盒上下了一番功夫而获得成功的。苦心经营了没几年，他的销售额就已占全日本总销售额的八成，日本出版豪华精装书籍的出版商都向他订货。这种事业因为没有人跟他竞争，亦没有人向他杀价，可以说是一项独占事业。不久只有高中文化程度的这位青年人，便买下了一栋前后院有 200 平米的空地、造价达 7000 万日元的豪华住宅了。其产品利润丰厚当然可想而知。

长泽高中毕业后在一家纸盒厂工作，一年后他就不干了。此时他所拥有的只是做纸盒的技术，别的则一窍不通，所以他只好向这方面发展，先在京都开了一家小小的纸盒行。

包装糖果糕饼、布匹、衣服、水果等用的纸盒需求量虽然不小，但这种纸盒也多得比比皆是。跟别的行业不一样，规模大而历史悠久的纸盒行已垄断市场。他才刚创业，想打进其中真是比登天还难。虽然偶尔有订货，但几乎是在无利可图的情形下咬着牙干的。

在勉强维持的情形下，有家小出版社向他订了2万日元的书套纸盒。这笔小生意终于使他有了出路。

长泽借此机会到处调查书套盒的市场，发现书套盒真好像被人遗忘似的。既然没有人愿意去做，长泽便决定先行下手，在没有劲敌跟他竞争之下一定大有可为。

普通纸盒即使有些偏差也没有大碍，但是书套纸盒就不许有一点点偏差。尺码的精密度非常重要。长泽就在纸盒的制作技术上寻求最有效的方法。下了一番功夫后，他把制作程序分为10个分段。其中只有一个分段需要熟练的技术，其余较简单的9个部分就让工资低廉的家庭妇女包办。这样就可以大幅度降低成本，制作进度也可以加快，他的成品售价只有以前的六成。

随着时髦豪华精装书籍需求量的不断增加，不到10年的时间他就轻而易举地坐上日本书套纸盒界的第一把交椅。

理财高手刘晏对商业管理也有其独到的见解。他的管理方法始终把养民放在第一位，所以刘晏的管理深受百姓拥戴。

唐朝的刘晏在当时任转运使，他的主要任务是负责筹集国家的钱粮等各种物资。当时正值战乱之后，国家的各种开支用度都很紧张，因此，转运使是个非常重要的官员。

刘晏机智聪敏，善于在各种环境下随机应变，他不仅在各地设置了驿站相互通报信息，还用高价招募善于骑马的骑手打探各地的物价。即使是远地的物价，在当时没有电讯的情况下，用不了几天就可以传到刘晏的耳朵里。

在经济管理中，刘晏采用政府在丰收地区粮价偏低时，用较高的价格买进粮食，在歉收地区粮价偏高时，用较低的价格卖出粮食。这有利于调节物价，各地的市场价格就会平稳，社会就会安定，国家也可以从中得到一些经济利益，这样试行了一段时间后效果非常明显。

在刘晏任职之前，运往江淮的粮食由于路途艰险，运输管理的方法又不科学，往往一制（十斗）粮食运到关中，只能保留八斗。刘晏上任后认为长江、汴水、黄河、渭水的水力情况不同，各河段应该根据各段情况随机行事。

他打造了坚固的运输船，分几段路程向关中转运粮食。长江上的运输船到扬州，汴水上的运输船到河阴，黄河的运输船到渭水入河口，渭水上的运输船到太仓，其间设立粮仓，一段一段地递运，这样，沿河运送的粮食再也没有损失了。

刘晏后来管理盐业也颇有成就。他运用了官府食盐专卖法，制止了盐业买卖的混乱局面。他认为官吏太多会扰民，他坚持只有产盐的地方才能设盐官，这样既可以减轻百姓的负担，还可以杜绝贪污。

在那些远离产盐区的地方，刘晏以政府的名义收购、转运、贮存，陆续卖给广大百姓，价格往往比盐商低得多。刘晏用这种办法，使百姓利益得到保护，又增加了政府的收入。

对商业管理刘晏也有其独到的见解。他说："户数和人口增多了，赋税自然而然就增多了。"因此，他的管理方法始终把养民放在第一位，所以刘晏的管理深受百姓拥戴。

随机应变、头脑灵活的刘晏以他的巧于管理取得了成功，较之其他的官吏如王安石等不知要高明多少，王安石有一颗为百姓着想的心，但不懂得理财艺术，他所实行的"新政"，在执行中有很多弊端，最终导致了他的改革失败。

性格与社交

性格与社交性

能"自我开放"的人通常原意将自己的性格与人生观以及开心和烦恼与别人分享。

有的人虽能言善道，却不善于表达自己内在的感触想法；反之，有人虽木讷寡言，却能细腻且清楚地把内心感受与好朋友分享。这两种人前者自我开放性较低，后者较高。当然，沉默寡言的人有许多是自我开放性较低的，口才好的人有很多是自我开放性较高的人。千人千面，也各有所长所短。

有的人容易相处，有的人却浑身带刺不容易接近。有时我们会发现有些人好像走到哪里都有朋友，而且，只要见到任何认识的人，都能兴奋地打招呼或聊天，这样的人绝不会逃避参加聚会。在宴会上，他们总是能和别人百聊不厌，即使是第一次认识的朋友，也谈得兴高采烈。这样的人特别具有社交性格，也就是所谓的"社交家"。

与人相反，总有人很不喜欢与人共处。这种类型的人即使见到熟人也只是淡淡地打招呼，而且跟别人聊天之前还犹豫到底该讲些什么，结果因为想东想西犹豫再三，与人交谈便越讲越小声，和他谈话就变得非常累，特别是第一次认识的朋友。这种类型的人由于过于谨慎、想得太多，和别人聊天或交往便容易紧张猥琐。所以，他们最怕参加有许多人在场的聚会。这样的人属于社交性偏低，也就是"社交白痴"的类型。

性格的社交性

社交性高低的第一个判断标准是当事人是否容易融入新环境。

如果是社交性较高的人，哪怕是只进公司一天，就能够感觉轻松自然。他们总是笑脸迎人，而且主动而亲切地与上司及下属聊天或沟通意见，迅速地与别人产生良好的关系。因为这种人性格开朗、乐观豁达。

相对地，社交性偏低的人，即使进公司一个礼拜或甚至一个月，依然无法抛弃自我封闭防卫的心态。只见他们一直处在紧张、与人隔阂的状态，根本无法与同事和谐快乐地相处，和整个公司的气氛也是格格不入。

社交性的高低差别，通常会显示在第一次与人见面时，有些人一认识新朋友，就能敞开心胸地与对方交谈，根本不管对方还只是个陌生人。反之，社交性低的人与人初次见面，总是不知道该说什么或者无精打采，搞不好还让人以为他生病了。在这种情况下，不仅别人不喜欢和这种自我封闭的人交往，当事人更容易因为在社交场合没成就感而更加退缩，极力避免出现在类似的场所。

判断某人社交性高低的第二个标准，便是是否习惯于"与陌生人闲谈"。所谓"闲谈"指的是没有特别目的的聊天。通常这种闲聊有助于润滑人际关系，人与人见面如果有什么事情必须谈，自然非开口不可；但若无特定目的，能否聊得起来，便可看出这两人社交能力的高低。

社交性高的人一般比较会选择轻松话题，闲扯再久都不会感到无聊。反之，让对方惊讶或不适合的话题，将会使得谈话气氛变得尴尬。

社交性高低的第三个判断标准：是与人相处是会怕东怕西，还是随和客气。比如，当朋友约自己去喝一杯时．当事人是否会立刻答应，或者习惯于考虑半天后加以拒绝。如果过度考虑怕东怕西，许多建立亲密人际关系的机会便会溜走。不过，如果脸皮太厚，不知道节制也有可能把人际关系搞砸。所以，随和的人总是能和谐地接纳别人的邀请或建议，适度地表达自己的希望。至于凡事猥琐的人，因为不伸出友谊的手，别人当然也难以跟他建立良好关系。

不可忽略的是，"社交性"与"自我开放性"事实上是两回事。比如，有些人虽然在公共场合能以巧言妙语博人欢笑或带动气氛，但要他谈论内心感受就支支吾吾起来，这种类型的人便是"社交性"高而"自我开放性"低。

女性的自我开放性通常比男性高。这种差别大概是社会规范造成的。因为男性从小就被灌输不可随便表露感情、必须保持冷静的观念，久而久之便不习惯把自己内心的困难、不安及痛苦讲给别人听。相对地，女性在表达自我的能力上，就比较少受社会习惯所压抑。

甚至可以说，我们的社会常给予能表达自我的女性较高评价，认为她们"性感"或"可爱"。总之，由于社会规范一者以严，一者以松，终于造成男性和女性在"自我开放性"上出现极大的差距。

心理学者杰拉德指出，能将内心向重视你的人敞开是性格健康的重要特征。同时，要拥有健康性格，向别人"开放自己的内心"可以说是最好的做法。通常，为了适应社会的各种规矩，不发生冲突，大部分人都必须相当程度地压抑自己。在社会生活上这是必要的，只是若压抑过度便可能产生身心障碍。所以，杰拉德强调，在社会生活之中，至少也要有一两个可以倾诉、发泄心中郁闷或不满情绪的朋友。这是拥有健康性格的重要条件之一。

当然，"自我开放性"并非越高越好。

人与人之间的交往，若一方抱着很高的期待，另一方却关起心灵的大门，两人便无法沟通和交往。所以敞开自己，绝对是发展亲密朋友关系的基本条件。然而，若一见面或是在公开场合就过度吐露细腻、复杂的心情，怕只会令听者大感困惑，不知如何应对。所以，自我开放必须看场合，而且要适可而止，才能建立和谐的人际关系，培养健康的性格。

善于与性格不合的人相处

如果因为性格合不来就冷言冷语相待的话，你的人际关系永远也不会好转。所以，用适度"友好"的态度相处是非常必要的。

与性格不合的人相处，适度的"友好"是必要的。

在公司里的上司、前辈、同事、晚辈中，肯定会有与自己性格合不来的人。和其他的人能心情愉快地交谈，可是说什么也不愿意和那个人交谈，谈也谈不到一块儿、话不投机，相互之间的关系较疏远。谁都会遇到过这种情况吧！

事实上，在公司中有与自己性格合不来的人是必然的，而与自己性格非常投缘的人是很少的。即便是自己选择的终身伴侣，因为性格不合而离婚的也大有人在。更何况在公司中，几十、几百甚至几千、几万的成员并不是由自己选择的，因而遇到与自己性格不合的人是必然的。

如果因为性格合不来就冷言冷语相待的话，你的人际关系永远也不会好转。所以，用适度"友好"的态度相处是非常必要的。人是有感情的动物，强迫自己喜欢对方，自己的神经和心理会与此对抗。虽说建立良好的人际关系非常重要，但强迫自己去喜欢不喜欢的人，这是不可取的。那样的话，自己的神经和心理会受不了，自己会很疲惫。

但用适度"友好"的态度去应付是非常重要的。另外，如果能有不做对方不喜欢的事的精神，彼此之间的关系会更和谐融洽一些。为此，平时你要下功夫了解对方讨厌什么事情。比如，讨厌谈一些私人的话题，讨厌别人的干涉，讨厌背后议论别人，讨厌别人不遵守时间等等。自己平时如果能多注意对方的态度，就可以大致了解对方讨厌什么。

不做对方不喜欢的事，说起来容易做起来难。如果能真正做到这一点，那你的人际关系一定会很和谐融洽。

怎样与敏感型性格的人相处

只要我们有彼此沟通的耐心、诚意和愿望，我们就能沟通。

如果你发脾气，对人家说出一两句不中听的话，你会有一种发泄的快感。但对方呢？他会分享你的痛快吗？你那火药味的口气，敌视的态度，能使对方更容易赞同你吗？

"如果你握紧一对拳头来见我，"威尔逊总统说，"我想，我可以保证，我的拳头会握得比你的更紧。但是如果你来找我说：'我们坐下，好好商量，看看彼此意见相异的原因是什么。'我们就会发觉，彼此的距离并不那么大，相异的观点并不那么多，而且看法一致的观点反而居多。你也会发觉，只要我们有彼此沟通的耐心、诚意和愿望，我们就能沟通。"

工程师史德伯希望他的房租能够减低，但他知道房东很倔强敏感。"我写了一封信给他，"史德伯在讲习班上说，"通知他，合约期一满，我立刻就要搬出去。事实上，我不想搬，如果租金能减低，我愿意继续住下去，但看来并不可能，因为其他的房客都试过——失败了。大家都对我说，房东很难打交道。但是，我对自己说，现在我正在学习为人处世这一课，不妨试试，看看是否有效。

"他一接到我的信，就同秘书来找我。我在门口欢迎他，充满善意和热忱。开始我并没有谈论房租太高，只是强调我多么地喜欢他的房子。我真是'诚于嘉许，善于称赞'。我称赞他管理有道，表示我很愿再住一年，可是房租实在负担不起。

"他显然是从未见过一个房客对他如此热情，他简直不知道该怎么办才好。

"然后，他开始诉苦，抱怨房客，其中一位给他写过 14 封信，太侮辱他了。另一位威胁要退租，如果不能制止楼上那位房客打牌的话。'有你这种满意的房客，多令人轻松啊！'他赞许道。接着，甚至在我还没有提出要求之前，他就主动要减收我一点租金。我想要再少一点，就说出了我能负担的数字，他一句也不说就同意了。

"当他离开时，又转身问我：'有没有什么要为你装修的地方呢？'

"如果我用的是其他房客的方式要求减低房租的话，我相信，一定会碰到同样的阻碍。使我达到目的的是友善、同情、称赞的方法。"

一位女士——社交界的名人——戴尔夫人说："最近，我请了少数几个朋友吃午饭，这种场合对我来说很重要。当然，我希望宾主尽欢。我的总招待艾米，一向是我的得力助手，但这一次却让我失望。午宴很失败，到处看不到艾米，他只派个侍者来招待我们。这位侍者对第一流的服务一点概念也没有。每次上菜，他都是最后才端给我的主客。有一次，他竟在很大的盘子里上了一道极少的芹菜，肉没有炖烂，马铃薯油腻腻的，糟透了。我简直气死了，我尽力从头到尾强颜欢笑，但不断对自己说：等我见到艾米再说吧，我一定要好好给他一点颜色看看。

"这顿午餐是在星期三。第二天晚上，听了为人处世的一课，我才发觉：即使我教训了艾米也无济于事。他会变得不高兴，跟我作对，反而会使我失去他的帮助。我试着从他的立场来看这件事：菜不是他买的，也不是他烧的，他的一些手下太笨，他也没有法子。同时也许我的要求太严厉了，火气也太大了。所以，我不但准备不苛责他，反而决定以一种友善的方式作开场白，以夸奖来开导他。这个方法效验如神。第二天，我见到了艾米，他带着防卫的神色，严阵以待准备争吵。我说：'听我说，艾米，我要你知道，当我宴客的时候，你若能在场，那对我有多重要！你是纽约最好的招待。当然，我很谅解：菜不是你买的，也不是你烧的。星期三发生的事你也没有办法控制。'我说完这些，艾米的神情开始松弛了。

"艾米微笑地说：'的确，夫人，问题出在厨房，不是我的错。'

"我继续说道：'艾米，我又安排了其他的宴会，我需要你的建议。你是否认为我们再给厨房一次机会呢？'

"呵，当然，夫人，当然，上次的情形不会再发生了！

"下一个星期，我再度邀一些要人午宴。艾米和我一起计划菜单，他主动提出把服务费减收一半。

"当我和宾客到达的时候，餐桌上被两打美国玫瑰装扮得多彩多姿，艾米亲自在场照应。即使我款待玛莉皇后，服务也不能比那次更周到。食物精美滚热，服务完美无缺，饭菜由四位侍者端上来，而不是一位，最后，艾米亲自端上可口的甜美点心作为结束。

"散席的时候，我的主客问我：'你对招待施了什么法术？我从来没有见过这么周到的服务。'"

波士顿郊区曾发生了一件能证明这个真理的事。

有一段时间，波士顿的《先锋报》刊登有关堕胎专家和庸医的广告。表面

136

上是给人治病，骨子里却以恐吓的词句，类似"你将失去性能力"等等欺骗无辜的受害者。他们的治疗方法使受害者满怀恐惧，而事实上却根本不加以治疗。他们害死了许多人，却很少被定罪。他们只要缴点儿罚款或利用政治关系就可以逃脱责任。

这种情况太严重了，以致波士顿很多善良的民众被激起了义愤。传教士拍着讲台，痛斥报纸，祈求上帝能终止这种广告。公民团体、商界人士、妇女团体、教会、青年社团等，一致公开指责，大声疾呼——但一切都无济于事。议会掀起争论，要使这种无耻的广告处于不合法的境地，但是在利益集团和政治的影响力之下，各种努力均告徒然。

华尔医师是波士顿基督联盟的善良民众委员会主席，他的委员会用尽了一切方法，都失败了。这场抵抗医学界败类的斗争，似乎没有什么成功的希望。

但有一天晚上华尔医师试用了波士顿显然没有人试用过的一个办法。他所用的是仁慈、同情和赞美。他企图使报社自动停止那种广告。他写了一封信给《先锋报》的发行人，表示他多么仰慕该报：新闻真实，社论尤其精彩，是一份完美的家庭报纸，他一向看该报。华尔医师表示，以他的看法，它是新英格兰地区最好的报纸，也是全美国最优秀的报纸之一。"然而，"华尔医师说道，"我的一位朋友有个小女儿。他告诉我，有一天晚上，他的女儿听他高声朗读贵报上有关堕胎专家的广告，并问他那是什么意思。老实说他很尴尬。他不知道该怎么回答。贵报深入波士顿上等人家，既然这种场面发生在我的朋友家里，在别的家庭也难免会发生。如果你也有女儿，你愿意她看到这种广告吗？如果她看到了，还请你解释，你该怎么说呢？"

"很遗憾，像贵报这么优秀的报纸——其他方面几乎是十全十美——却有这种广告，使得一些父母不敢让家里的女儿阅读。可能其他成千上万的订户都和我有同感吧！"

两天以后，《先锋报》的发行人回了一封信给华尔医师。日期是 1904 年 10 月 13 日。华尔医师保留了这封有三分之一世纪之久的信：

麻省波士顿华尔医生，亲爱的先生：

十一日致本报编辑部来函收纳，至为感激。贵函的正言，促使我实现本人自接掌本职后，一直有心于此但未能痛下决心的一件事。

从下周一起，本人将促使《先锋报》摒弃一切可能招致非议的广告。暂时不能完全剔除的广告，也将谨慎编撰，不使它们造成任何的不快。

贵函惠我良多，再度致谢，并盼继续不吝指正。

《先锋报》发行人

1904 年 10 月 13 日

不久，《先锋报》便把有关堕胎专家的害人广告撤销了，由此可见，仁慈、同情、赞美的力量胜过一切。

与人和睦相处的妙法

记住，最重要的是自己要主动与别人多接触、多沟通，才能与性格不合的人建立起正常的人际交往关系。

人海茫茫，芸芸众生，生活在社会的大家庭中，谁都会遇到与自己合得来和合不来的人。跟与自己合得来的人当然能很好地进行交流和沟通，即便不交流也能建立良好的人际关系，问题是如何与自己性格合不来的人建立起和谐的人际关系。

为了与和自己性格合不来的人建立起良好的人际关系，自己平时多用心、多留神是非常必要的。在掌握了人际关系基本常识的基础上，当遇到什么事的时候，自己要试着改变一下自己的思维，改变一下自己的观点、看法。做这些努力对彼此之间关系的好转大有作用。下面列举几个要点，供大家参考和借鉴。

明白"棘手"不是"讨厌"

当你觉得别人不好应付、很棘手时，不要让这个阶段迅速发展成个人感情的好恶阶段，这一点是非常重要的。因为一旦发展到讨厌的阶段，要想变为喜欢是相当困难的。

即使认为是性格不合的类型，也绝不能陷入到讨厌对方的情感之中去。只能停留在只是觉得对方很难与之相处而已，有些棘手的阶段，才可能冷静地和对方相处。

要与合不来的人多沟通、多交流

不论是谁，都是从觉得与对方合不来的一瞬间开始，进而不知不觉回避与对方交往的。这样彼此之间的关系永远也得不到好转。越是觉得与对方合不来，就越需要增加与对方交流沟通的次数，越需要主动了解对方。只有这样增进彼此了解，才能掌握了对方的性格与个性，才能得以消除彼此误会和偏见，才可能相互信任和理解，达到消除隔阂的目的。

另外，自己不能从对方的言语表面或者对方的表情、态度、动作等非语言的部分妄加推测。这一点非常重要。因为公司中有些人不善于表达情感，属于内向型性格。通过多接触、多沟通、多交流，很可能会发现自己对其有诸多误解，彼此之间的关系也很可能因而得以好转。

记住，最重要的是自己要主动与别人多接触、多沟通，才能与性格不合的人建立起正常的人际交往关系。

使对方心情愉快些

把人际关系纠纷防患于未然的最大秘诀莫过于：尊重对方、自己谦逊。很多人一般容易对自己宽容而对他人严格。把自己的事束之高阁，却专挑别人毛病、批评别人。在你的周围也一定有这样的人吧！这种人的人际关系也不可能好吧！

倘若你能用对自己严格、对他人宽容的态度与人相处，会减少很多人际关系的纠纷。尊重对方，重要的是恰当地使用赞美的语言。但是胡乱地使用奉承的语言并不是赞扬。赞扬和奉承是截然不同的。赞扬是发现并承认现实存在的优点，是诚心的，让人高兴；奉承是夸大优点或编造优点，是虚假的，令人生厌。说一些阿谀奉承、溜须拍马的话，别人会立即明白那不过是奉承而已，反而会产生反感。因此，使用真正佩服对方的赞美语言是最重要的，切忌阿谀奉承、溜须拍马。

心理学家马斯洛曾说过：人类最大的需求就是想得到他人的认可。赞扬的话正好可以满足人类的这种心理需求。因此，要积极发现别人的优点和长处，并真诚地用语言坦率地表达出来，而非刻意去奉承。这样对方就会敏感地察知你的心情，并为之感到高兴。你们之间的人际关系也会向圆满健康的方向发展。

还有一点，在和别人初次见面时，在让对方听自己谈话之前，要先听对方的谈话；不要寻找对方的缺点和短处，而要寻找对方的优点和长处；不要先想法让对方尊重和承认自己，而要自己先尊重和承认对方。用这样的心态与人相处，对方的心情一定会很愉快，进而为建立良好的人际关系创造了良好的开端。让对方有一个好心情是建立良好人际关系的最大秘诀，不管那个人是什么性格的人。

善于发现别人的优点

很多人在心里认为："好极了!""真棒!""真漂亮!"但不善于说出口来。即使是夫妻之间，很多人也不善于把自己的心情传达给爱人。也许是认为"即使不说，也能领会吧"。但现实生活中，如果不说别人就不知道的事情有很多。无论你心里怎么想，只要没用言语表达出来，自己的心情就永远也不会传达给对方。

发自内心地赞扬对方，更应该真诚地把这种赞扬说出来，让对方知道你的心情，才是人与人之间思想、感情交流的根本。

优点和缺点往往是相对的

如果一个人不能很好地看到别人的优点和长处，相反却总看到别人的缺点和短处，这样的人即使勉强说一些赞扬别人的话，也不可能让别人高兴。如果你也有这种倾向，那你一定要试着改变自己的视点。

事实上人的优点和缺点往往是相对的。比如：过于神经质而斤斤计较的人，换一种角度也可以说是一个能够注意到细小的地方而比较细心的人；马马虎虎、粗心大意的人，换一种角度也可以说是不拘小节而心胸宽广的人。

一开始就与自己情投意合的人，在与对方的交往中自然会看到对方的优点。可是，自己觉得有些不好应付的人，就容易看到他的缺点。这都是受了自己看法和观点的影响。一个人如果能冷静地看别人，认为是缺点的地方也可以看成是优点。总之，最重要的是要试着改变自己的"视点"和"着眼点"。

第三章 什么样的人才能够成就大事

性格与职业

决定职业的重要因素

心理学专家认为，根据性格选择职业，能使自己的行为方式与职业工作相吻合，更好地发挥自己的聪明才智和一技之长。

一个人选择什么样的职业，常与他（她）本人的兴趣、爱好、性格、气质及能力等有密切关系。从某种意义上来说，兴趣、性格等是一个人在选择职业时首先要考虑的问题。所以，求职者在择业过程中，应对自己各方面的情况做出客观且全面的自我分析。

根据兴趣择业。在择业过程中，人的兴趣和爱好往往具有一种强大的推动作用。但是，个人的兴趣和爱好只能作为职业选择的重要依据，而不是全部依据。因为，只有把它们建立在一定能力的基础上，并与社会需要相结合，兴趣、爱好才会获得现实的基础，也才有实现的可能。因此，求职者应该培养自己多方面的兴趣和爱好，努力发展自己的专长，从而使自己的兴趣爱好有一个明确的针对性，确保在求职时拥有一个更为广泛的选择余地。

心理学专家认为，根据性格选择职业，能使自己的行为方式与职业工作相吻合，更好地发挥自己的聪明才智和一技之长，从而能得心应手地驾驭本职工作。例如：理智型性格喜欢周密思考，善于权衡利弊得失，故适合于选择管理性、研究性和教育性的职业；情绪型性格通常表现为情感反应比较强烈和丰富，行为方式带有浓厚的情绪色彩，故适宜于艺术性、服务性的职业；意志型性格通常表现为行为目标明确，行为方式积极主动，坚决果断，故多适应于经营性或决策性的职业。

在生活中，我们不难发现这样的现象：有人选择了教师的职业，可是性情暴烈缺乏耐心；有人选择了记者的职业，但生性沉稳，反应迟缓。于是，原先理想的职业失去了原有的色彩。究其原因，并不是这些人能力低下，而是因为他们的气质与所从事的职业不相适应。可见，气质不仅会影响一个人职业的选择，而且可能直接影响到其工作的成败。所以，求职者应根据自己的气质类型，有针对性地选择适合自己的职业。

根据能力择业。随着社会生产力的日益提高，社会分工愈来愈精细，各种职业都对人们提出了更高的要求。因此求职者在选择职业时，必须了解自己的优势所在，了解自己能力的大小、自己的能力在哪方面表现得更突出之后，再做出选择。这有助于择业的成功，并保证在今后的工作中做到扬长避短，取得较大的成就。

性格在职业中的重大影响

你是个凡人，你的生命不是无限的，你不能放弃自己的愿望和理想去听别人的意见，否则你就会悔恨，也会埋怨别人。

性格对于一个人的职业有很大影响。究竟是人们选择适合自己的职业，还是根据所选择的职业而养成某种性格，这很难说清楚，其原因有很多。

推销员王先生说："我的父母本来盼望我进入较稳定的行业——比如银行业工作。但是我天生喜欢和人接触，喜欢旅行、挑战。压力和新奇可以使我精神旺盛，单调、重复的工作使我厌倦、退化以及精神郁闷。进入银行业显然无法满足我的要求，因而我在大学毕业后，便决定谋求一个能让人不断活动、印象深刻、具有压力、又富于社交性和国际性的角色。我觉得，销售工作应是我最好的选择，而推销防卫设备能满足我所想要的声望、报酬和旅行机会。坦白地说，我是实行家，而且盼望最高的权位，所以我在大学时代就参加了一个兼职的防卫队，并且研究销售技巧；同时，我努力使自己个性更温和，更让人容易接近，容易相处，然后开始外出寻觅，最后终于找到了自己满意的职业。"

王先生的确很令人欣羡。让我们来仔细察看他为自己安排的方式。

首先，他设法找出自己的动机，然后去找适合自己的特殊环境。王先生清晰的头脑和坚定的毅力，实在给人留下了深刻印象，而且他一开始就必须面临着违逆父母决定的困扰。如今，他在一家大公司管理许多保安，觉得"非常满意"；但是他也如此表示"日后我可能会再寻找新的挑战"。

经常有人会遇到这种疑惑："我母亲希望我将来能做医生"，"我父亲希望我像他一样成为成功的企业家"，或者"我姐姐认为我应该像她一样当个教师"。然后你会想："那我该怎么办呢？谁也不管我想些什么！到底我应该怎样去过我的一生，似乎谁也不知道我真想去干什么！"

你能活 500 年吗？假如能的话，你可以把活在这个世界上的头一个 100 年用来按照"父母亲的需要与希望"去过，第二个 100 年"按照朋友们的意见过"，第三个 100 年"按子女和家庭的意见过"，他们都是重要的。第四个 100 年，你可以"按你所重视的某些团体的意见去过"。这样，你已经够大方的了。第五个 100 年是你生命的最后 100 年，你应该想怎么活就怎么活了。

但事实上，你是个凡人，你的生命不是无限的，你不能放弃自己的愿望和理想去听别人的意见，否则你就会悔恨，也会埋怨别人。有许多人渴望被别人保护，于是在不知不觉中期待家庭、宗教、政府、社区领导人或常见的幻想，来指引我们过一生。实际上，要赢得他人尊重，就要减少对他人的依赖，自己对自己负责任。

我们常常会听到有些人说"我不得不这样"，"这不是我的错"，"我对此毫无办法"等等。这些话都不是有希望取得成功、对自己的事业负责任的人所说的话。

当某事出了差错时，一个人应该去寻找自己原来能避免问题发生的方法，而不应去找借口，或去责怪别人，而应该反过来问一问自己："我本应做些什么，才能避免问题的发生呢？"

当我们检验自己的行为时，要把重点放在"因与果"的关系上，而不要放在"是与非"或"好与坏"上面，要诚实地面对自己所引起的问题。

伟大人物身上的多元性格

意志和毅力不是一种抽象的、看不见的、感受不到的东西，它通过一个人的活动体现出来。它是蕴藏于一个人的内心而直接体现在行动上的心理素质。它具体体现在顽强性、果断性、忍耐性三个方面。

一个政治家一旦具有了必胜的信心和信念就要为之奋斗。但时代的变迁，宦海的沉浮，政坛的角逐，战争的浩劫，经济的衰败以及世俗的偏见，使你可能遭受一次次失败的打击，这时你若没有坚强的意志和毅力坚持到底，那么所有美好的理想、远大的目标便会付之东流，已建立的信心和信念便会顷刻瓦解。

美国历史上有三位名垂青史的总统，他们是独立战争时期的华盛顿、南北战争时期的林肯和反法西斯战争时期的罗斯福。这三位总统在胆识方面不相上下，对世界影响最大的恐怕要数罗斯福了。

罗斯福打破华盛顿开创的不连任三次的传统的旧制，连续四次登上美国总统的宝座。就任期间，他实行新政，缓和了美国的经济危机，推动了美国经济的发展。第二次世界大战爆发后，他不顾美国的孤立主义传统，使美国与英国、苏联结成联盟，为争取反法西斯战争的胜利做出了重大贡献。

罗斯福是美国历史上一位有远见、重实际、精于政治策略的政治家，"没有哪一个美国总统能那样有效地集政治家、政客、鼓动者和导师的品质于一身，而这些品质是伟大人物所需要的。"他初登政坛便显得与众不同，引起了许多人的注意。有人对当时的他评价道："第二个罗斯福像 30 多年前西奥多·罗斯福一样赢得声誉，并以从容不迫征服了很多人，但是真正让他出人头地的却是他果敢的开创精神和顽强的意志。"

罗斯福在美国政治圈内很快就赢得了他的前辈们的器重，威尔逊入主白宫后，任命他担任海军部助理部长。正当罗斯福的事业蒸蒸日上之时，厄运却接连向他袭来。1920 年他和詹姆斯·考克斯搭档代表民主党竞选副总统和总统惨遭失败，之后他暂时退出政坛，回家休养。但在一次游泳后，双腿突然麻痹，使他一度经受身体上的痛苦和精神上的折磨。一个有着光辉前程的硬汉子一下子变成了一个卧床不起、什么事都需要别人照顾的残疾人，这是多么痛苦的事。起初他几乎绝望了，认为上帝把他抛弃了。但是奋力向上的精神和顽强的意志并没有使他放弃希望。治病期间他仍然不停地看书，不停地思考问题，勇敢地面对自己的疾病，积极配合医生进行治疗。这需要多么非凡的勇气和毅力。但对罗斯福而言，这也是天降大任之前对他意志的一次重大考验，因为锻炼意志最有效的办法是感受痛苦。世界上的每一个伟人都是意志力很强的人，查阅他们的历史档案就会发现，他们都有一部苦难史。尽管他们的遭遇不同，但都在感受痛苦的过程中使意志得到了锻炼。经过疾病的折磨，罗斯福变得比过去更加坚毅老练了。

罗斯福以有坚强的意志著称。他在首次就职演说中提出了"无所畏惧"的战斗口号："我们唯一值得恐惧的就是恐惧本身。"他不怕失败，勇于尝试，勇于创新，有魄力，有远见，把美国引上了一条新的发展道路。

内向型性格与职业

内向型性格的人，因其具有明辨是非、主持公道的特点，所以，内向型性格的人事业成功的机遇往往在公正服务业方面，例如检察机关、司法机关、工商税务机关以及审计、公证、财会等。这些行业都是为公众服务的，但是，与一般服务业不同的是，这些服务更强调公正性格。

从事这些工作的人必须具备专业知识，就是说，这种机遇需要等待，先学好了专业知识，才有可能从事这些职业。因此，学生高考时就可填报法学（包括国际法、商法、民法等所有法律方面的专业）、会计学、工商税务管理、审计专业，还有计算机专业。从事这类职业还应该获得律师、会计师、审计师等一系列证书。最新统计表明，上述专业都是目前人才市场需求量排在前50位之内的行业。

有了必备的专业知识之后，就有机会了。法院、检察院、工商、税务机关的人员主要由国家招考录取分配，人才市场上应聘上述专业的人才也是供不应求。如果不想到人才市场去应聘，独立创业也是很好的选择，例如当一名律师，尤其是敢于受理大官司的律师，在目前的社会还是很短缺的。

内向型性格的人从来是自食其力，面对突如其来的冲击不会惊慌失措。内向型性格的人比较务实，有很多人先给人打工解决吃饭问题，然后视自己的文化、技术、健康等条件设计自己的后半生。有一点可以肯定，内向型性格的人无论干什么，都会合法经营、合法赚钱，自己掌握自己的命运。

外向型性格与职业

现代社会，人们完全靠一个规模庞大的信用组织在维持着，而这个信用组织的基础却是建立在对人格的互相尊重之上。

具有社交型性格的人：活泼、外向，喜欢交际，热情、爽快、富有爱心。这种类型的人都具有强烈的表现欲，并且能言善辩，适应能力较强。但是，因为过于热衷于交际的缘故，这种性格的人有时会给人以浅薄之感。

吸引别人最好的方法，就是要使自己对他人的事情很关心、很感兴趣。但你不能做作，你必须是真的对别人关心、对别人感兴趣。

社会交往能增强一个人的能力。一个人的接触面愈广，那么他的知识、道德将愈加长进。如果与人断绝来往，那么他的一切能力就会减弱。所以，一个人应该不断地从别人的身上学习长处，参与各种团体活动，获得精神上的各种食粮。

同杰出人物接触，往往会增加自己的知识才能。

著名演说家的演说所以能够精彩，还是靠着许多听众的理解，演说家唤起观众的同情后，才能发出伟大的力量。如果一位演说家对着空无一人的讲堂，或对着两三个人进行演说，他绝对不能产生巨大的力量来。

只有经常同他人合作，你才能发现自己新的能力。如果不去和他人合作，有些潜伏着的力量是永远发挥不出来的。

无论你是谁，只要你耐心去聆听，你所交往的人总愿意告诉你若干秘密，给予你一定影响。有些信息对你而言可能是闻所未闻，但足以转变你的命运，如果这时你选择吸收，将会对你极有帮助。没有谁在孤身一人的条件下能发挥出他自己全部的能量，而别人常常会成为自己潜能的启发者。

一个人不管有多少学识，有多大成就，如果不能同别人一起生活，不能时常同别人互相往来，不能培养对他人的同情心，不能对别人的事情发生一点兴趣，不能辅助别人，也不能与他人分担痛苦、分享快乐，那么他的生命必将孤独、冷清，毫无人生的乐趣与意义。

每个人应该多和高过自己的人接触交往，和一些经验丰富、学识渊博的人接触交往，这样就能使自己的人格、道德、学问方面受到好的熏陶，使自己更具有更完美的理想和更高尚的情操，激发自己在事业方面的能力。

不和超越自己的人接触，实在是个巨大的损失。这肯定会减弱社交对自己生命的益处。与一个能激发我们生命中美善部分的人交往，其价值要远胜于获利的机会，因为这样的交往能使我们的力量成百倍增加。所以，社会交往、与他人的沟通交流中都蕴藏着巨大的能量。

当一个人经济上遇到困难，或遭遇出人意料的重大变故，或别的不幸，正在万分焦急、手足无措时，突然有位朋友过来帮助他、支撑他，从而力挽狂澜，使那人有了喘息之机，得以重新振作，这样的朋友是多么感人、多么宝贵啊！

但可惜的是，现在的人际关系好像完全陷于交易和金钱方式，结果使真正的友谊越来越难以找到。

结交朋友对每一个人来说都很重要，而绝不是随便玩玩就可以了，但大多数人并没有认识到这一点。

有许多人，往往任老的朋友失去，新朋友却又不去结交，朋友就越来越少了。

我看见过不少对朋友冷酷无情的人。一次，有一个人带着满腔热忱和喜悦去看望他一个多年不见的老同学，不料那同学正忙着做他的生意，只不过冷冷淡淡地和他敷衍了十分钟。原来，那人有一条坚定不移的原则："生意第一，友谊第二。"这种人也许可以发一点小财，但以牺牲友谊为代价，简直太不值得了。

一个见识过人、能力很强也很聪明、比他现在的朋友发展更快的人，如果交不到什么新朋友，那么他无论目前有多大的收入，也不能说有真正的进步，因为"一个人是否成功很大程度上取决于他择友是否成功"。

如果一个人见了人就想躲避，喜欢过那种与世隔绝的孤独的生活，那其实是很不好的事情，会阻碍人的进步与成功。如果一个人只顾埋头于自己的事情，只顾独自经营，对于社会上的发展形势与经济动态也漠不关心，那么他实际上就已经走入另外一个世界。等到朋友们来看他时，他不是找个借口不见他们，就是随随便便敷衍一下。

你想想，这样的人，谁还愿意经常来看望他呢？久而久之，他所有的朋友当然就不会再来了。这样，即便是他有了什么祸患，要想求助于人，也不大会有人来搭理他，到了那时就后悔莫及了。

一位作家说过这样的话："现代社会，人们完全靠一个规模庞大的信用组织在维持着，而这个信用组织的基础却是建立在对人格的互相尊重之上。"他还说："谁也无法单枪匹马在社会的竞技场上赢得胜利、获得成功。换句话说，他只有在朋友的帮助和拥护下，才不至于失败。"交友不但可以陶冶我们的性情、提高我们的人格，还可以随时在各方面给我们以帮助。而且，我们的朋友往往还会给我们介绍许多使我们感兴趣、获得益处的同性、异性朋友来。在社会上，我们的朋友又能随时帮助我们，提携我们，能把我们介绍到本会被拒绝的地方。这些朋友都是诚心诚意的，无论是对于我们的生意，还是我们的职业。

如果有人信任我们，这是一种极大的快乐，这能使我们的自信得到格外的增强。如果那些朋友们——特别是已经成功的朋友们——一点都不怀疑我们，一点都不轻视我们，并能绝对地信任我们；他们认为，我们的才能足以能够成功的，是完全可以做一番有声有色的事业的，那么，这对于我们来说不啻于一剂激励我们奋发有为的爽心良药。

许多胸怀大志者正在惊涛骇浪中挣扎、在恶劣的环境中奋斗，藉此获得一点立足之地时，倘若他们知道有许多朋友期待着他们的成功，那么他们将变得更有勇气、更有力量。

　　而有些命运坎坷、经历无数艰难险阻的人，在为成功而奋斗的路途上正要心灰意冷、准备停顿、不再前行时，突然想起他的牧师和他临别时的赠言，他的牧师不是很相信他，说他以后必定可以成功吗？或者是突然想起他那慈爱的母亲，母亲含着眼泪，再三叮嘱，不也是期望他成功、叫他不要令她失望吗？于是，这些已经心灰意冷的奋斗者又重新振作起精神来，又以百折不挠的意志力和无限的忍耐力继续去争取他们的成功。

性格与职业发展

判断自己的职业性格

性格活泼的人，适合有挑战性的工作；性格内向的人，适合稳定的工作；有的人适合与物打交道；有的则擅长与人打交道。造物者给了人类千千万万种性格，其中也含有一定的共性。按照这种共性分类分析，你能找到你最合适的工作。

判断自己的职业性格，才能正确选择职业生涯的大方向，这可以说是应聘的第一步，也是最关键的开头。如果不清楚自己的职业性格而导致找到一份不合适、不喜欢的工作，那将影响你的职业道路的进程；而如果等到你发现目前的工作不适合、不喜欢，再图跳槽大计，那就走了一大段弯路。如果你永远不以自己的职业性格作为选择职业的准绳，那势必永远在跳槽再跳槽中恶性循环……这将对你的职业生涯发展起负面影响。

对于性格来说，它作为人的一种心理特性具有一定的稳定性，但又不是一成不变的，客观环境的变化和个人的主观调节都会使性格发生改变，所以性格与职业生涯的顺应也并非绝对，而是具有一定弹性的。

一、测试一：你的性格适合哪些工作范围内的职业

下面一系列问题有助于你分析自己的性格，请按自己当前工作的真实情况，在"是"或"否"相对的字母上画圈，每题只能画一个圈，不能多圈，也不能漏圈。

第一类：人

选择"是"或者"否" 是否

1. 你在做出决定前常常考虑别人的意见 AC

2. 你愿意处理统计数据 CA

3. 你总是毫不犹豫地帮助别人解决问题 AC

4. 你常常忘记东西放在哪儿 BC

5. 你很少能通过讨论说服别人 CB

6. 大多数人认为你可以忍辱负重 CA

7. 在陌生人中你常感到不安 CB

8. 你很少吹嘘自己的成就 AC

9. 你对世事感到厌倦 BC

10. 你参加一项活动的主要目的是取胜 CA

11. 你容易被大多数人所动摇 CB

12. 你做出选择后就会按照你的办法去做 CA

13. 你的工作成功对你很重要 BC

14. 你喜欢既需要大量体力又需要脑力的工作 BC

15. 你常问自己真正的感受如何 AC

16. 你相信那些使你心烦意乱的人他们心中有数 CB

计数(不计算答案 C)，每选择一个得 1 分。

A 得分(   )，照顾人；

B 得分(   )，影响于人；

A 和 B 总分(   )。

第二类：程序与系统

选择"是"或者"否" 是否

1. 你喜欢清洁 AC

2. 你对大多数事情都能迅速做出结论 CA

3. 经过检验和运用过的决议最值得遵循 AC

4. 你对别人的问题不感兴趣 BC

5. 你很少对别人的话提出疑问 CB

6. 你并不总是能遵守时间 CA

7. 你在各种社交场合下都感到坦然 CB

8. 你做事总愿意先考虑后果 AC

9. 你觉得在限定的时间内迅速地完成一件事很有趣 BC

10. 你喜欢接受紧张的新任务 CA

11. 你的论点通常可信 CB

12. 你不善于查对细节 CA

13. 明确、独到的见解对你是很重要的 BC

14. 人多的话会约束你的自我表达 BC

15. 你总是努力完成开始的事情 AC

16. 大自然的美常使你震惊 CB

计数（不计算答案 C），每选择一个得 1 分。

A 得分（   ），语言；

B 得分（   ），财政金融/数据处理；

A 和 B 总分（   ）。

第三类：交际与艺术

选择"是"与"否"是否

1. 你喜欢在电视节目中扮演角色 AC

2. 你有时难以表达自己的意思 CA

3. 你觉得你能写短篇故事 AC

4. 你能为新的设计提供蓝图 BC

5. 关于艺术你所知甚少 CB

6. 你愿意做实际工作，而不愿读书或写作 CA

7. 很少留意服装设计 CB

8. 你喜欢同别人谈他们的见解 AC

9. 你满脑子独创思想 BC

10. 你发现大多数小说很无聊 CA

11. 你特别不具备创造力 CB

12. 你是个实实在在的人 CA

13. 你愿意将你的照片、图画拿给别人看 BC

14. 你能设计有直观效果的东西 BC

15. 你喜欢翻译外文 AC

16. 不落俗套的人使你感到很不舒适 CB

计数(不包括答案 C)，每选择一个得 1 分。

A 得分(　　)，文学、语言、传播；

B 得分(　　)，可见艺术与设计；

A 和 B 总分(　　)。

第四类：科学与工程

选择"是"或者"否"是否

1. 辩论中，你善于抓别人的弱点 AC

2. 你几乎总是自由地做出决定 CA

3. 想个新主意对你来说不成问题 AC

4. 你不善于令别人相信 BC

5. 你喜欢事前将事情准备好 CB

6. 抽象地想象有助于解决问题 CA

7. 你不善于修补 CB

8. 你喜欢谈不可能发生的事 AC

9. 别人对你的谈论不会使你难受 BC

l0. 你主要靠直觉和个人感情解决问题 CA

11. 你办事有时会半途而废 AC

12. 你不隐藏自己的情绪 CA

13. 你发现解决实际问题很容易 BC

14. 传统方法通常是最好的 BC

15. 你珍惜你的独立 AC

16. 你喜欢读古典文学 CB

计数(不计算答案 C),每选择一个得 1 分。

A 得分(　　),研究;

B 得分(　　),实际;

A 和 B 总分(　　)。

请计算出各部分的 A 得分、B 得分与 A 和 B 的总分。

总分在 0~4 分:表明这一工作不能满足你的性格所求;

5~10 分:表明一般;

10 分以上表明这一类型的工作最适合你,能满足你的性格需求。

最后,根据 A 和 B 的得分多少,来确定工作范围内的具体职业。

第一类:人

在这一大类中:

如果 A 得分高于 B,则说明你更善于照顾人,应该在医务工作、福利事业或教育事业中寻找职业,如医生、健康顾问、社会工作者、教师等。

如果 B 得分高于 A,则表明你更能影响他人,对军事、商业或者管理方面会感到得心应手,例如警察、军人、安全警卫、市场经理、贸易代理、市场研究者等。

第二类:程序与系统

在这一大类中:

如果 A 得分高于 B,表明你适合做行政管理、法律等与言语有关的工作,例如,办公室主任、人事管理、公司秘书、律师、图书馆员、档案员、书记员等。

如果 B 得分高于 A,那么你更适合做金融和资料处理工作,包括会计、银行、出纳、金融、保险、计算机程序和系统分析方面的工作。

第三类：交际与艺术

在这一大类中：如果 A 得分高于 B，表明你适合做新闻、文学和语言工作，如记者、翻译、电台或电视台工作人员、公共事业管理员。

如果 B 得分高于 A，表明你更适宜于从事设计和艺术工作，如图案设计员、制图员、建筑师、室内装修设计师、剧场设计、时装设计、摄影师等。

第四类：科学与工程

这一大类的工作可分为研究与实际工作。如果 A 得分高，则适于从事前类工作，如生物学家、物理学家、化学家等。

如果 B 得分高则适于从事后类工作，如机械工程师和土木工程师等。A 和 B 不能绝对分开。

每个人的性格都有积极和消极两个方面，通过测量、分析，有利于克服消极的性格品质，发扬积极的性格品质。例如，有的人在工作中积极热情、乐于助人、好出头露面，但做事持久性不长，常表现得虎头蛇尾，这种人就应该注意培养自己克服困难的决心和信心，锻炼自己的坚持性和持久性的品格意志；又如，有的人办事热情高、拼劲足、速度快，但有时马马虎虎，甚至遇事就着急，性情暴烈，这种人就应该在发扬其性格长处的同时注意培养认真细致的精神，防止急躁情绪，要随时"制怒"；有的人做事深沉、认真、严谨，但有时优柔寡断、办事拖拉，这种人必须经常提醒自己"今天的事今天完成"，并逐步养成当机立断的性格。

二、你的职业性格类型是否符合你的性格特点

在职业心理中，性格影响着一个人对职业的适应性，一定的性格适于从事一定的职业；同时，不同的职业对人有不同的性格要求。因此，在考虑或选择时，不光要考虑自己的职业兴趣，还要考虑自己的职业性格特点。下面的测验根据人的职业性格特点和职业对人的性格要求两方面来划分类型，每一种职业都与其中的几种性格类型相关。

根据自己的实际情况，对下面的问题作出回答，并在括号中填写回答

"是"的次数。

第一组

(1)喜欢内容经常变化的活动或工作情景。

(2)喜欢参加新颖的活动。

(3)喜欢提出新的活动并付诸行动。

(4)不喜欢预先对活动或工作作出明确而细致的计划。

(5)讨厌需要耐心、细致的工作。

(6)能够很快适应新环境。

第一组总计次数( )

第二组

(1)当注意力集中于一件事时,别的事很难使我分心。

(2)在做事情的时候,不喜欢受到出乎意料的干扰。

(3)生活有规律,很少违反作息制度。

(4)按照一个设好的工作模式来做事情。

(5)能够长时间做枯燥、单调的工作。

第二组总计次数( )

第三组

(1)喜欢按照别人的批示办事,需要负责任。

(2)在按别人指示做事时,自己不考虑为什么要做这些事,只是完成任务就算。

(3)喜欢让别人来检查工作。

(4)在工作上听从指挥,不喜欢自己作出决定。

(5)工作时喜欢别人把任务的要求讲得明确而细致。

(6)喜欢一丝不苟按计划做事情,直到得到一个圆满的结果。

第三组总计次数( )

第四组

(1)喜欢对自己的工作独立作出计划。

（2）能处理和安排突然发生的事情。

（3）能对将要发生的事情负起责任。

（4）喜欢在紧急情况下果断作出决定。

（5）善于动脑筋，出主意，想办法。

（6）通常情况下对学习、活动有信心。

第四组总计次数（　　）

第五组

（1）喜欢与新朋友相识和一起工作。

（2）喜欢在几乎没有个人秘密的场所工作。

（3）试图忠实于别人且与别人友好。

（4）喜欢与人互通信息，交流思想。

（5）喜欢参加集体活动，努力完成所分给的任务。

第五组总计次数（　　）

第六组

（1）理解问题总比别人快。

（2）试图使别人相信你的观点。

（3）善于通过谈话或书信来说服别人。

（4）善于使别人按你的想法来做事情。

（5）试图让一些自信心差的同学振作起来。

（6）试图在一场争论中获胜。

第六组总计次数（　　）

第七组

（1）你能做到临危不惧吗？

（2）你能做到临场不慌吗？

（3）你能做到知难而退吗？

（4）你能冷静处理好突然发生的事故吗？

（5）遇到偶然事故可能伤及他人时，你能果断采取措施吗？

（6）你是一个机智灵活、反应敏捷的人吗？

第七组总计次数（　　）

第八组

（1）喜欢表达自己的观点和感情。

（2）做一件事情时，很少考虑它的利弊得失。

（3）喜欢讨论对一部电影或一本书的感情。

（4）在陌生场合不感到拘谨和紧张。

（5）相信自己的判断，不喜欢模仿别人。

（6）很喜欢参加学校的各种活动。

第八组总计次数（　　）

第九组

（1）工作细致而努力，试图将事情完成得尽善尽美。

（2）对学习和工作抱认真严谨、始终一贯的态度。

（3）喜欢花很长时间集中于一件事情的细小问题。

（4）善于观察事物的细节。

（5）无论填什么表格态度都非常认真。

（6）做事情力求稳妥，不做无把握的事情。

第九组总计次数（　　）

统计和确定你的职业性格类型：

根据每组回答"是"的总次数，填入下表。

选择"是"次数越多，则相应的职业性格类型越接近你的性格特点；选择"不"的次数越多，则相应性格类型越不符合你的性格特点。

各类职业的性格特点

1. 变化型：这些人在新的和意外的活动或工作环境中感到愉快。喜欢经常变化职务的工作。他们追求多样化的活动，善于转移注意力和工作环境。适合从事的职业类型有：记者、推销员、演员等。

2. 重复型：这些人喜欢连续不停地从事同样的工作，喜欢按照机械的或别人安排好的计划或进度办事，喜欢重复的、有规则的、有标准的职业。适合从事的职业类型有：印刷工、纺织工、机床工、电影放映员等。

3. 服从型：这些人喜欢按别人的指示办事，不愿自己独立作出决策，而喜欢让他人对自己的工作负责。适合从事的职业有：办公室职员、秘书、翻译等。

4. 独立型：这些人喜欢计划自己的活动和指导别人的活动。在独立的和负有职责的工作环境中感到愉快，喜欢对将要发生的事情作决定。适合从事的职业类型有：管理人员、律师、警察、侦察员等。

5. 协作型：这些人在与人协同工作时感到愉快，想得到同事们的喜欢。适合从事的职业类型有：社会工作者、咨询人员等。

6. 劝服型：这些人喜欢设法使别人同意他们的观点，这一般通过谈话或写作来达到目的。对于别人的反应有较强的判断力，且善于影响他人的态度、观点和判断。适合从事的职业类型有：辅导人员、行政人员、宣传工作者、作家等。

7. 机智型：这些人在紧张和危险的情境下能很好地执行任务，在危险的状况下能自我控制和镇定自如，能出色地完成任务。适合从事的职业类型有：驾驶员、飞行员、公安员、消防员、救生员等。

8. 好表现型：这些人喜欢能够表现自己的爱好和个性的工作环境。适合从事的职业类型有：演员、诗人、音乐家、画家等。

9. 严谨型：这些人喜欢注重细节，按一套规则和步骤将工作尽可能做得完美。倾向于严格、努力地工作，以便能看到自己付出努力后完成的工作效果。适合从事的职业类型有：会计、出纳员、统计员、校对员、图书档案管理员、打字员等。

选择适合自己的职业

在现今的职场中，因"性格与职业"的选择发生错位而导致职业的失败，已逐渐成为职场人士面临的越来越严峻的问题。性格并无好坏之分，但性格类型与职业类型的匹配度，却决定了事业的成功与否。究竟怎样才能让你的"个性"为你的职业发展做一个最佳的导航者？首先就要正确测定自己的个性，了解"性格与职业定位"之间究竟有怎样的关联。

一、了解自己的性格

性格决定着职业发展的长远。职业发展规划是与职业气质、能力、兴趣、潜力、价值观、理念等因素相关联的，性格若能与工作相匹配，工作中更能得心应手、轻松愉快、富有成就。反之则会不适应、困难重重，给个人的发展和组织造成影响。另外，若要想胜任工作，还需要更专业的知识、技能、兴趣、价值观以及理念等因素加以支撑，因此先借助科学手段了解自己的性格类型，更有利于进行准确的职业定位。

二、做好前期规划

职场中还有很多人边工作边抱怨"现在的工作不是自己喜欢的"，从而怀疑自己选错了职业入错了行。这主要是因为在工作初期未做好职业规划，因此不要太急于转行或转换职业。只有当性格与职业相匹配，并有能力相支撑时，才能实现自身价值最大化。建议大家在面对这样的情况时，先进行一个自我审视评估、性格测评，了解自己的职业气质、能力，分析自己的优劣势，结合自己的教育背景、工作经验，在职业咨询师的咨询指导下进行职业生涯的发展规划。或者知道"自己要做什么？""自己能做什么？"结合自己的价值观和理念，进行一个职业目标的设定以及策划，并进行反馈评估，不断调整自己的方法，完善自己的职业生涯规划。

三、内向外向性格与职业选择

（一）内向型人与职业选择

内向型人，适合以物（书类、机器类、动植物、自然等）为对象，扎扎实实从事的职业。一个人干的职业是最适合的，如果有好几个人，但相互间没有交叉关系，而是平行作业的职种的话，也相当适合。

特别是对于需要耐心的工作，这一类型的人，更能发挥特长。外向型的人很快就厌烦、放弃的工作，他们却能做得很好。要求周密、细致的工作、规则的工作、单纯反复的工作，都适合内向型的人。具体来说，适合内向型的工作，有学者、研究者、技师、书记、会计、电脑操作者、文书和管理员等等。

以复杂的人际关系为主，或是和世间繁杂有相当关联的职业，不适合这类型的人。譬如说他们适合做个优秀的经济学者，但不适合担任公司经营者，也不适合做服务业。

但是，内向型的人由于具备了诚实、严谨、忠厚、有耐心等优点，有时在人际关系复杂的工作上，也能出奇制胜。

性格内向的人，在找工作中尤其是面试的时候，应该注意什么呢？任何工作都免不了与人沟通，内向型性格的人同样不可避免。关键是要选择一份适合自己的工作，而且在面试时要表现出能够做好这份工作的信心和实力。需要注意的是，一定要提前了解一下所应聘公司的企业文化，以便让自己在言谈举止各个方面更好地接近这种文化。

作为内向型的职业人，有必要刻意锻炼一下自己的交际能力吗？首先从职业发展的角度看，性格与职业"匹配"是最佳选择。但目前，随着社会开放度的日益加大，完全闷头干活的岗位已越来越少，适当锻炼一下自己的性格会对自己未来的职业发展有很大帮助。俗话说"人在职场，身不由己"，所以，无论什么工作，有更好的沟通技巧，工作起来就会更容易。当然，内向的人如要坚持锻炼自己的待人接物能力，还需付出比一般人更多的努力。

(二)外向型人与职业选择

在求职中，外向性格是不是比内向性格略胜一筹？这要按个人的求职目标而定，如果那个职位需要的求职者是安静、谨慎、细致的，那么性格内向的人胜算就更大一点。而如果职位要求外向、善于与人打交道、具有领导能力等，那外向型人的胜算自然要大一些。性格本身并无好坏，而是要看与职位的契合度究竟怎样。

一般而言，外向型的人适合集体工作的职业。公务员、公司职员等等，广义的薪水阶级生活，大致都适合于外向型的人。

不过，说是"薪水阶级"也未免失之广泛。里面也包括了不必和人接触、关在办公室里办公的职业，这种工作就不太适合外向型的人从事。另外，记录、记账、资料整理、机器类操作、实验、观察等等，较枯燥又必须从事的工作，也是不适合的。总之，外向型的人比较适合和周围的人一同协力工作，最适合对人接触频繁的工作。薪水阶级工作中，以及和交涉、谈判有关的工作，服务部门的工作、销售部门的工作最合适。杰出的公关人员，大多都是这种类型的人。

除了做一般薪水阶级工作之外，外向型人也适合做宣传人员和教育者。如果有卓越领导能力的话，也适合做指挥、监督、领导别人的上司，其中也不乏成功的实业家及政治家。

一般来说，开朗的人适合的工作很多，可以说在什么地方都能找到乐趣。基本从销售、市场策划到管理，都需要开朗的人来主持。开朗作为人的一种处世心态，对职业有很大帮助。而且开朗不代表没心机，一个人完全可以生性开朗，却还有很高的洞察力和高明的谋略。

实际工作中，很多性格开朗的人也未必就一定喜欢自己所从事的工作。性格与行业从宏观角度讲联系并不密切，而性格与职业却有着根本性的联系。但人在性格基础上接受的教育不同，人生观亦不同，所以基于性格的兴趣、爱好也就不同，或多或少会受环境的影响。生性开朗的人也未必就一定会喜欢自己所从事的工作。如果在同行业内换个环境或职业类型，那么也许会慢慢喜欢上这份工作。但如果一时没有满意的工作，也可以尝试其他行业。

四、五种性格类型及其职业适应性

前面提到过日本学者把性格分为五种类型：神经性性格（N）、内在性性格（S）、同调性性格（Z）、黏着性性格（E）和自我显示性性格（H）。那么这五种类型性格的人的职业选择分别应是什么样子的呢？

（一）适合 S 型人的职业

如果你是 S 型中的"贵族性的敏锐感觉者"型，则比较适合绘画、雕刻、作曲、演奏、摄影等艺术类的职业，各种工艺、设计师、艺术、插图和服饰等方面的评论员，茶道、书道、花道等的教授者。

倘若是其中之"严厉无情的领导者"型，则比较适合当公务员、政治家等。若再加上能力上佳，极有可能升至较高官位。

如果是其中的"脱离世俗的理想主义者"型，则适合数学、哲学、物理学、宗教（僧侣、牧师等）等方面的职业。

一般情况下，S 型的人比较适合理论研究和技术性的职业。因此，倘若恰好对这方面的工作感兴趣，那么在性格和兴趣两方面就都合适了。S 型的人不适合应用方面，适合基础理论方面的大学教授、研究人员和科技人员；不适合实际医疗方面，适合做病理研究人员、数理科系统的中学教师、研究所的研究人员以及法官、检察官、法律方面的公务员。如果对技术性工作感兴趣，则比较适合冶金、矿业、电气、机械、化工、土木、建筑、水产等的工程师以及此类系统的职员工作，也可从事驾驶员、船员、测量人员、通讯人员或司机等职业。

如果对数字工作更感兴趣，则适合从事会计师、银行职员、税务方面的公务员、统计记账以及程序设计员等职业。

S 型的人热爱大自然，是喜欢和自然打交道的职业。如果他们从事农林、水产等方面的工作，海洋、河川、气象、天文、地质方面的公务员，园林师、兽医、动物饲养员以及其他观测自然等方面的工作，就会干得很愉快而且很出色。

S 型人中，很多人心灵手巧，非常适合从事制图、商业设计、服装设计、装潢设计、美容师、理发师等工作。不论男性女性，都可以做精密器械的设计、组装、操作、调整以及修理等工作。

（二）适合 Z 型人的职业

倘若是属于其中的"精力充沛的实干家"型，则适合政治家、社会活动家、商人、记者、医生等职业，也适合企业、商店的经营者、实干家、律师、会计师、外交官或企业的高级干部、作家、工程师、文艺工作者等职业。如果能力优秀，一般能在需要创造性和指导性或者需要渊博的知识、高度的能力的职业及管理职业方面取得成功。

一般情况下，Z 型人适合以和人打交道为主的职业和注重实际的职业。如果喜欢与人谈判、交易等，则在性格和兴趣两方面都适合。因此，适合政治家、实业家、外交官、制片人、教师、推销员等工作。假如是女性，则适合于化妆品公司及其他各种推销工作，以及空姐、导游、饭店职员、服务行业等职业。

Z 型人多具有较强的社交活动能力。从这个特点看来，上述大部分职业都是适合的。与此特性紧密结合的职业，有报纸、杂志、电视等的采访记者、报告文学作家、商店职员、宣传员、广告业等等。如果是女性，适合于秘书等职业。很多人不仅具有社交能力，还具有开阔的视野、较强的策划能力，因此也比较适合顾问、调查员、影视编导、各种展览的承办人，计划部门的职业等职业。

Z 型人中很多对服务行业感兴趣，因此比较适合临床医生、护士、社会福利工作者、保姆、幼儿园教师、中小学教师等工作。如果是女性，则适合保健员、职业洽谈员、老人保姆等职业。

（三）适合 E 型人的职业

一般 E 型性格的人适合比较稳定、有规律、踏实可靠的职业，比如循规蹈矩、严格遵守上司命令的公务员。这种类型的人富于正义感，适合法官、检察官、法务方面的职务及警察等工作。如果做公司职员，由于一丝不苟的性格特点，很适合经营部门和总务部门的位置；从精力充沛、值得信任这点看，也适合劳务部门的职位。一丝不苟、责任感强的特点使这些人适合从事银行、会计等管钱的工作。若是女性，则很适合出纳部门的工作。

E 型性格的人还有一个特点，就是有毅力。因此比较适合重复性工作，适合兢兢业业收集整理资料的研究人员、科技人员、历史学家、考古学家等职业，并会有所成就。从毅力强和有忍耐力这点来说，比较适合资料分类整理、文书记录工作，如图书馆、博物馆职员，司法行政文书，校正员等职业。

E 型的人能够忍耐单调的工作环境，如果再加上对手工技术性工作感兴趣的话，则适合通讯工作人员。女性适合打字员等。另外由于心细的缘故，也适合绘图、药剂师等工作。

E 型性格的人一般身体健康，体能超出其他人，因此也比较适合职业运动员、体育教师、导游员、军人、警察、消防员、铁道职工等职业。

他们中间还有一部分人渴望社会公平与人道，认为社会福利方面的工作意义重大。因此，这些人适合护士、特殊学校教师、卫生设施和卫生团体职员、保健员、职员训练指导员、社会教育职员、推进志愿义务活动的职员、家庭服务员、保姆等职业。还会有些人投靠宗教信仰，从事传道等宗教活动，乐此不疲。

E 型性格的人一般被认为不适合从事推销等工作，但他们做事勤恳、诚实坦率，容易获得别人的信任。因此，长远看来，也是适合产品销售、谈判等比较棘手的工作。

（四）适合 H 型人的职业

H 型性格的人，善于和人沟通，而且其中很多人喜欢这么做。因此，他们比较适合从事服务业、旅游业工作，适合餐馆、酒店、饭店经营、各种饮食店的经营者、为客人表演的厨师、美容院的经营者、美容师、推销员、时装模特、空中小姐、女管家、旅游翻译、旅游陪同员、公共汽车导游员等职业。但是，工作中一定要注意不要炫耀自己、不要不管他人感受信口开河。

很多 H 型的人擅长大众宣传。倘若是企业职员，就应该在宣传广告等部门工作，而不应在总务或经营管理方面做事。也可以在前卫商品公司、代理广告公司及商店工作。身处一个集体中，注意不要太突出个人，要尊重集体利益。

166

这种性格的人现代感强，有教养，知识丰富。如果再加上出色的文字表现能力，就非常适合戏剧、电影、电视、广播等的编剧工作，从事自由职业当然也是可以的。如果有卓越的色彩和造型感觉，适合做艺术设计、商业设计员、服饰设计师等。才能出众的话就适合显赫的职业。

演员、歌手、舞蹈家、艺人、相声大师、导演、司仪、记者、播音员、时装模特等职业都可称为显赫的职业，H 型的人往往喜欢自我显示，因此比较适合上述职业。其实 H 型中的很多人也都憧憬这些职业。但是必须清楚这些显赫职业成功的背后要付出很多的艰辛，并且必须要有出类拔萃的才能和好的机遇。即使一时成功了，也很容易后退。假如 H 型人的运动机能很好的话，也适合棒球、高尔夫球及其他各种职业运动员。

(五)适合 N 型人的职业

对于 N 型性格的人，并没有什么唯一适合的职业。可以说，N 型的人比较适合的职业应该要求具有神经敏锐性。如通过显微镜观察细胞的细微变化。但是，以敏感作为专长来发挥作用的职业并不多。在和人打交道上，N 型人的敏感和多疑往往使其非常耗费精力，这是很不好的方面。

如果 N 型人的敏锐神经结合较多的艺术细胞，就很有可能在绘画、雕塑、作曲、艺术设计、工艺美术、摄影等艺术性工作上获得成就。如果努力向精神世界探求，则可能会成为风格独特的小说家、诗人或剧作家等等。当然，这需要比较超群的能力和天赋。

N 型人适合独自一个人从事的工作，如在资料室、书库等调查整理书籍、文献等，研究员、图书馆职员、博物馆职员、记录员等职员。若做公务员或企业职员，则不适合人较多的部门，而比较适合技术性强或以"物"为工作对象的部门。

N 型人也适合从事以自然动植物为工作对象的职业，比如农林、水产、畜产方面的工作，农业技术员、园林技师、资源研究者、生物学者、动植物改良员、食品工艺研究员等等。他们不适合做某一职业的领导，但在正确、宽宏的领导下，却可以工作得很出色，并且保持愉快、轻松的工作情绪。他们的工作业绩，很大程度上受领导的好坏及周围环境的影响。

如果 N 型性格的人的兴趣在于科学理论的研究，则比较适合从事理论研究工作，如加上成功的辅导，则很容易取得一定的成就。

五、职业选择错位时如何补救

人是在学习和工作中不断成熟的，而性格与职业有着密切和根本性的联系。人的成熟从心理性格角度表现在适应社会、有着良好的人际关系等等。在适应社会过程中遇到性格与职业选择错位的问题时，也是非常普遍和正常的。关键是自己如何针对自身的弱点，努力弥补不足，从而学会控制自己的情绪。当然这里的"控制"不是"压抑"自己的个性，而是"压制"那些冲动的、不理智的和盲目的情绪。不可盲目跳槽，一定先要根据性格、兴趣和能力等找准自己的职业定位，做好职业规划。在此基础上，还要在现有工作过程中有意识地加强某些能力的训练，以便为跳槽后的新职业做好充分的准备。

个人的能力素质、性格等可以适应不同的工作环境和职业内容，关键是必须找到最优组合，找到最适合的工作。对个人优势进行整合分析，集中力量办大事。职业发展要以个人核心竞争力为轴心，要用自己最"长"的一块板和别人竞争，还要不断增长自己的优势"板"。

第四章　优化你的性格

　　性格改造或者说优化性格的目的，就是克服性格缺陷，实现不良性格向优良性格的转化。要做到这种转化不是一件容易的事情，它需要一个长期努力的过程，以及恰当的改造方法。

　　性格是一个人对现实的稳定态度和在习惯化了的行为方式中所表现出来的个性心理特征。诚实或虚伪、勇敢或怯懦、勤劳或懒惰、果断或优柔寡断等等都被认为是性格特征。虽说"江山易改，本性难移"，但并不是说性格不可以改变，只是改变需要一个长期的过程。

如何进行性格优化

性格改造或者说优化性格的目的，就是克服性格缺陷，实现不良性格向优良性格的转化。要做到这种转化不是一件容易的事情，它需要一个长期努力的过程，以及恰当的改造方法。

性格是一个人对现实的稳定态度和在习惯化了的行为方式中所表现出来的个性心理特征。诚实或虚伪、勇敢或怯懦、勤劳或懒惰、果断或优柔寡断等等都被认为是性格特征。虽说"江山易改，本性难移"，但并不是说性格不可以改变，只是改变需要一个长期的过程。

培养良好的性格，对自己、对集体都有其重要的意义。一个有自制力、主动、果断、坚毅性格的人，能够很好地安排自己的生活和工作，能够正视现实、克服困难，在事业上取得成就。相反地，如果缺乏良好的性格品质，就会影响工作、学习和生活。那么如何来优化你的性格呢？

优化性格的原则

性格，是人类所特有的一种秉性，是一个人内在气质的总体反映。良好的性格可以为人平添魅力和风采。青年时期是塑造和优化性格的关键时期，可根据以下五个原则着手进行塑造和锻炼。

一、循序渐进原则

莎士比亚说："金字塔是用一块块石头堆砌而成的。"优良性格的形成需要一个长期渐进的过程，不良性格的克服也需要长期不懈的努力。性格是一种相当稳定的个性特征，这种稳定性特点决定了性格的形成和转化只能是一个缓慢的渐进过程。无论是克服不良性格也好，还是塑造优良性格也好，都必须坚持循序渐进、从大处着眼小处做起的原则。

二、渐变转化原则

人的情绪是性格的特征指标之一，对性格的形成和转化具有诱导感染作用。比如，一个性格暴躁、个性很强的人，可以通过努力培养安定平静、从容不迫的情绪，使自己经常保持心平气和的心境，以促进暴躁性格的渐变转化。一个人如果能经常地消除烦恼、愤怒、急躁等不良情绪，对克服急躁易怒的不良性格肯定是有好处的。正面的情绪鼓励愈经常愈持久，对良好性格的形成和培养也就愈有利。

三、以新代旧原则

一种不良性格形成后，要改变它，办法之一就是从改变习惯入手，用新的习惯克服和改变原有的性格弱点。比如，你向来好胜逞强，办任何事情都不甘示弱，因而经常使自己惴惴不安、精神紧张。为此，你就要放弃做一个"强人""超人"的愿望，中止以眼前胜败来衡量成绩的习惯，而培养起从大处着眼、从长处看问题的习惯。

四、积累性原则

一个人的性格，一般都可以表现为临时性和稳定性两种不同状态。稳定性状态始终存在于个人的性格特征之中，而临时性状态仅存在于某一特定的环境和过程之中，一旦环境和条件发生变化，它便不复存在。比如勇敢，在有些人身上即表示为一种稳定性性格，不论什么情况，他都是勇敢的；而在有些人身上则仅为一种临时性状态，即他只是在某地某时某事上才表现出勇敢。当然，临时性状态是不稳定的，一旦环境条件发生变化，它就会消失。但这并不是说，临时性状态和稳定性状态是互不相容、不能转化的。如果我们有意识地把临时性状态作为培养良好性格成为稳定性状态，那么，就能达到优化性格的目的。

五、自我修养原则

性格优化的过程，从根本上讲，就是一个人自我修养水平不断提高和强化的过程。两者是相辅相成，密切相关的。为此，必须要有坚强的意志，进行持久不懈的自我修养。

优化性格的方法

一、改正认知偏差

由于受不良环境的影响，或受存在不良性格人的教育和影响，使人产生错误的认知，如认为这个世界上坏人多、好人少；同人打交道，要防人三分；疑心重；以小人之心度君子之腹等等，这样的人一般心胸狭隘、嫉妒心强、疑心大、古怪、冷漠、缺乏责任感等。因此，要想改变这些，必须改变自己不正确的认知，可多参加有意义的集体活动，去充分体验感受生活，多看些进步的书籍和伟人、哲人传记，看看他们的成功史和为人处世之道，这对自己性格的改变都会有所帮助。

二、不要总用阴暗的眼光去看待别人

上过当或受过挫折的人，对人总存在一种提防心理，对人总是往坏处想，这种人疑心重、心胸狭隘，办事优柔寡断。世界上既然有好事，就必然会有不如意的事，既然有好人，就有一些害群之马，但好人还是多数。因此，我们要正确地看待别人，看待我们共同生活的社会。

三、试着去帮助别人，从中体验乐趣

不良性格的人，往往以自我为中心，他们对人冷漠，一般不愿人际交往，生活在自我的小天地里。要想改变这样的性格，平常可以主动去帮助别人，因为人人都需要关怀，你去帮助别人，同样，别人也会主动来帮助你。同时，在这种帮助中，能体现自身的价值，心情改善了，对人的看法和态度也会随之改变，从而有利于人性格的改善。

四、有意识地进行自我锻炼，自我改造

人是一个自我调节的系统，一切客观的环境因素都要通过主观的自我调节起作用，每个人都在不同的程度上以不同的速度和方式塑造着自我，包括塑造自己的性格。随着一个人的认识能力的发展和相对成熟，随着一个人独立性和自主性的发展，其性格的发展也从被动的外部控制逐渐向自我控制转化。如果每一个人都意识到这一变化，促进这一变化，自觉地确立性格锻炼的目标，从而进行自我锻炼，就能使对现实态度、意志、情绪、理智等性格特征不断完善。

五、培养健康情绪，保持乐观的心境

一个人，偶尔心情不好，不至于影响性格，若长期心情不好，对性格就有影响了。如长年累月爱生气，为一点小事而激动的人，就容易形成暴躁、易怒、神经过敏、冲动、沮丧等特征，这是一种异常情绪性的性格。因此，要乐观地生活，要胸怀开朗，始终保持愉快的生活体验。当遇到挫折和失败时，要从好的方面去想，"塞翁失马，安知非福"？想得开，烦恼就会自然消失。有时，心里实在苦恼，可以找一个崇拜的长者或知心朋友交谈或去看心理医生，不要让苦闷积压在心，否则，容易导致性格的畸形发展。

六、乐于交际，与人和谐相处

兴趣广、爱交际的人会学到许多知识，训练出多种才能，有益于性格的形成和发展。但是，与品德不良的人交往，也会沾染不良的习气。因此，要正确识别和评价周围的人和事，不要与坏人混在一起，更不要加入不健康的

小团体中。人与人之间要互敬、互爱、互谅、互让，善意地评价人，热情地帮助人，克己奉公，助人为乐，努力搞好人与人之间的关系，长此以往，性格就能得到和谐发展。

七、提高文化水平，加强道德修养，改造不良的性格

有的人已经形成了某种不良的性格特征，例如懒惰、孤僻、自卑、胆小等，要下决心进行"改型"。人的性格虽有一定的稳定性，但它又是可变的，只要自己下决心去改，是能产生明显效果的，懒汉可以成为勤奋者，悲观失望的人也可以成为生机勃勃的人。方法：一是提高文化水平，二是加强道德修养。因为人的性格的形成是受人的文化水平和道德水平影响的。有文化、有道德的人，就有理智感，就能以正确的态度去对待现实生活，这就有助于形成良好的性格特征。

八、取人之长，补己之短

"人海茫茫，风格各异"；"金无足赤，人无完人"。每个人的性格特征中都有好的因素，也有不良的特征。要善于正确地自我评估，辩证地对待自己的优缺点，好的使之进一步巩固，不足的努力改正，取人长，补己短，有则改之，无则加勉。久而久之，就能使不良性格特征得到克服和消除，良好性格特征得到培养和发展。例如张飞先前十分鲁莽、冒失，自从在诸葛亮帐下听命后，学习诸葛亮一生为人谨慎的优点，后来在一系列的军事活动中就能看出张飞已具有机智、细心等性格特点了。因此，每一个人只要善于下功夫，有意识地培养，都可以把自己塑造成为一个性格完善和高尚的人。

如何纠治各种性格缺陷

先不管性格怎么分类和分为几类，概括地讲，其实每个人或多或少都有性格缺陷，性格缺陷对个人会产生三个方面的危害：

（1）容易诱发多种心理疾病和心身疾病。

（2）导致社会适应不良，尤其难以处理人际关系。

（3）影响学习、工作的绩效和生活质量，影响个人前途。

性格缺陷的有效纠治方法是接受心理健康教育，及早发现并了解其可能产生的危害，及早接受心理咨询，进行心理训练。知晓自己存在性格缺陷，并自觉主动纠治，与不了解或否认自己有心理缺陷相比对，其救治效果和结局截然不同。因此，要想有效地纠治性格缺陷，本人必须具备四个条件：

（1）高度自觉性。充分自知，配合训练，接受教育。

（2）认真负责。本人必须抱着一丝不苟的态度，积极贯彻、彻底执行各种纠治措施。

（3）严格要求。对于心理训练中提出的基本要求、训练项目、内容、方法、强度不能擅自增减或走样，要坚持到底。

（4）信任原则。纠正性格缺陷如同治疗心理疾病一样，基本信条是"诚则灵，信则成"。一切有效措施和效果都是建立在本人对指导者信任的基础上。

如何纠治偏执性格缺陷

所谓偏执是指固执己见，对人对事抱着猜疑、不信任心理而言。

一、偏执性格缺陷的特征

1. 男性多见。

2. 胆汁质或外向性格者居多。

3. 性格固执，坚持己见，敏感多疑，在人际交往中对他人常持不信任和猜疑态度，过度警觉，遇到矛盾推诿或责怪别人，强调客观原因，看问题倾向以自我为中心。

4. 自我评价过高，心胸狭隘，不愿接受批评，常挑剔别人的缺点，容易产生嫉妒心理，经常闹独立性。如果他们的看法、观点受到质疑，往往表现出与人争论、诡辩，甚至冲动攻击言行。

5. 心理活动常处于紧张状态，因此表现孤独、不安全感、沮丧、阴沉、不愉快、缺乏幽默感，医学上将这类性格缺陷归属于"社会隔离型"人格。

6. 偏执性格缺陷者如不接受心理卫生教育，纠正自己的心理缺陷，有可能发展为偏执型精神分裂症。某些严重的偏执性格者，就可能是精神分裂症患者。

二、偏执性格缺陷的心理训练方法

教育和训练的目的是克服多疑、敏感、固执、不安全感和自我为中心的性格缺陷。

1. 认知提高法

这类人对别人不信任，敏感多疑，妨害他们对任何善意忠告的接受能力。施教者或心理医生应在相互信任和情感交流的基础上，比较全面地向他们介绍性格缺陷的性质、特点、表现、危险性和纠正方法。具备自知力和自觉自愿要求改变自己的性格缺陷，是认知提高训练成功的指标，也是参加心理训练的最起码条件。

2. 交友训练法

积极主动地进行交友活动，有助于改变"社会隔离型"性格。交友和处理人际关系的原则和要领是：

（1）真诚相见，以诚交心。必须采用诚心诚意、肝胆相照的态度，主动积极地交友。要坚信世界上大多数人是好的和比较好的，可以信赖的。不应该对朋友，尤其是对知心朋友存在偏见、猜疑。

（2）交往中尽量主动地给予知心好友各种帮助。主动地在精神上和物质上帮助他人，有助于以心换心，取得对方的信任，巩固友谊关系。尤其当别人在困难时，更应该鼎力相助，患难中知真心，这样做最能取得朋友的信赖和加强友好情谊。

（3）注意交友的"心理相容原理"。性格、脾气的相似或互补，有助于心理相容，搞好朋友关系。如两个人都是火暴脾气，都是胆汁质的气质，不容易建立稳固、长期的友谊关系。但是最基本的心理相容的条件，是思想意识和人生观的相近和一致。这是长期友谊合作的心理基础。

3. 自省法

自省法是通过写日记，每日临睡前回忆当天所作所为的情景，进行自我反省检查，有助于纠正偏执心理，是一种很有效的改变自己心理行为的训练方法，对于塑造健全优秀的人格品质和自我教育，效果明显。古今中外，大凡事业上有成就、具有良好思想修养的人，都有自省的习惯。孔子说："吾日三省吾身。"雷锋同志的优良人格品质闪耀在他的日记中。有偏执性格缺陷的人，为了纠正偏执心理，必须采用书面的或非书面的形式反省，进行心理训练，检查自己每天的思想行为，是否对人、对事抱有怀疑、敏感态度，办事待人是否固执、以自我为中心；检查还存在哪些由于自己的偏执心理而冒犯别人、做错的事情，以后遇到类似情境，应该如何正确处理。

4. 敌意纠正训练法

偏执性格缺陷者容易对他人和周围环境充满敌意和不信任。采取以下心理训练和教育方法，有助于克服敌意对抗心理。

（1）经常提醒自己不要陷入"敌对心理"的旋涡。事先自我提醒和警告，处事待人时注意纠正，这样会明显减轻敌意心理和强烈的情绪反应。

（2）不断地增加对他人、对朋友需求的了解。同时努力降低对别人冒犯的敏感性。应该想到没有人愿意在自己安宁的时候去破坏他人的安宁，人与人之间的关系通常情况下都是友善平和的。

（3）要懂得"只有尊重别人，才能得到别人的尊重"的基本道理。要学会对那些帮助过你的人说感谢的话。

（4）要学会向你认识的所有人微笑。可能开始时你很不习惯，做得不自然。但是必须这样做，而且努力去做好。

（5）要在生活中学会忍让和耐心。充分调动自己的心理防卫功能，尤其是调节机制。生活在矛盾复杂的大千世界中，冲突纠纷和摩擦误解是难免的，有时甚至是无法避免的，不要让怒火烧得自己晕头转向。

如何纠治循环性格缺陷

一、循环性格缺陷的特征

生活中经常可以发现这种情绪兴奋高涨与忧郁低下的两端性波动的人，即人们常说的"情绪忽高忽低"者，其中有不少人属于本类型的性格缺陷。这类人群的情绪高低变化，如同物理光学中正弦曲线那样，循环往复，周而复始，并非由于外界因素引起，故称为循环性格缺陷。这种人情绪兴奋时表现兴奋活跃，乐观欣快，雄心勃勃，体力充沛，外向热情，善于社交，似乎没有一个人不是他的朋友。当情绪低落时表现忧郁不愉快，对任何事物都缺乏兴趣，精力和体力不足，悲观、沮丧、寡语少言，懒于做事或做事感到困难重重。自我评价较高，有自夸自大倾向。思维和行为缺乏专一性和持久性，情感热情丰富但不深刻，容易疲惫衰退，表现波动不稳定。如他们做事时有始无终，设想和计划很多，实现很少，缺乏深思熟虑。一般比较急躁，不遂心就大动肝火，激动发怒。

循环性格缺陷在历史上并非罕见。不少著名人物具有这种特殊性格特征。被称为世界十大思想家和大科学家的伊萨克·牛顿，就是其中一例。

二、循环性格缺陷的心理训练方法

训练重点是克服性格中情感成分的兴奋高涨以及自负心理带来的不利影响；纠正看问题浮浅、思维行为不能持久、专一和深刻的弊病。

情绪兴奋是本类人群主要特征，这类人常常表现典型的多血质气质。他们的优点是情感丰富，活跃热情，好动和精力充沛，善与人交往，合群外向，思维活跃，聪明敏捷，好提意见，好管闲事，兴趣广泛。缺点是注意力容易涣散，情绪多变，波动不稳定，主意多变，追求、兴趣爱好不易持久、稳定。因此，对心理功能缺乏持久专一、不易深刻的性格缺陷，训练中必须扬长避短，注意针对性，掌握尺度和重点。

1. 认知提高法

本人应充分了解性格缺陷的特点、危害和纠正方法，提高自知力和主观能动性。由于本类人群情绪、性格缺乏持久专一和深刻性，因此训练过程中要始终遵循反复教育、不断强化、长期坚持、稳定提高的原则。否则，无法取得牢固的成效。

2. 读书训练法

读书学习、博览群书可以提高智力、开阔视野，同时亦是有效的心理训练方法。培根曾精辟地论述："读书足以怡情。"怡情就是陶冶人的性格，有助于改变人的心理行为，纠正性格缺陷。可学习一些数学书，使人思考问题周密，富有逻辑推理能力，培养精确、严谨的治学作风，保持注意力集中，不允许在演算和学习中出半点差错，从而养成耐心、细致，有自信心和顽强的工作作风。也可以练习写文章或进行文学创作，提高概括思维能力和思考观察水平。

3. 笔记训练法

必须养成认真和勤奋做笔记的学习习惯，克服自己动脑动口不动手，凡事想当然的作风。经常使用笔记帮助学习，有助于培养注意力集中、思维深刻化、兴趣专一持久、观察事物细致深入的能力。

4. 兴奋专一训练

此法又称"成功心理训练"。一个人求知、追求事业、完成任何任务，光有强烈的动机和需要是不够的，必须具备完成任务的良好心理素质，其中兴奋专一性的心理品质是重要的基础。没有兴奋专一的心理品质，无法使自己心理行为处于最佳状态，容易受外界因素干扰；自我抑制能力低下，精神无法集中，思维分散混乱，而产生紧张焦躁不安情绪。因此，要求做事集中注意力，兴奋专一、思维专一，抗御外界干扰因素，坚持必胜信心，不懈努力；追求的理想和目标不宜太高太多，选出目标，坚持奋斗到底。

如何纠治分裂性格缺陷

一、分裂性格缺陷的特征

分裂性格缺陷者主要表现为过分胆小、羞怯退缩、回避社交、离群独处、我行我素而自得其乐、沉醉于内心的幻想而缺乏行动；行为外表古怪、离奇，不修边幅，爱好怪癖，喜欢自言自语；情感淡漠，对人缺乏热情，兴趣贫乏，对外界事物缺乏激情，对批评和表扬常持无动于衷的淡漠态度。这种类型的人极少有攻击行为，一般不会给他人制造麻烦，但由于他们很少顾及别人的需要，总是独来独往，沉浸在自己的"白日梦"中，难以完成责任性强的工作。这类性格缺陷的最大危害是容易进一步发展为精神分裂症，在青年中存在严重的或者突然发展的分裂性格缺陷，可能是早期精神分裂的重要信号。

二、分裂性格缺陷的心理训练方法

训练目标是纠正性格上孤独离群、情感浅淡和与周围环境的分离。

1. 社交训练法

旨在纠正性格孤独不合群的缺陷。一般按照以下步骤进行。

（1）提高认知能力，懂得孤独不合群、严重内向性格的危害性，自觉投入心理训练。

（2）制订社交训练评分表，自我评分，每天小结，每周总结，8~12周为一周期。

（3）训练内容和目标：训练内容从简到繁，从易到难。以一位战友为接触对象，每次要求主动与他交谈5分钟，交谈的内容和方式不限。逐渐做到主动、自然和比较融洽地随便交谈。进而逐步增加接触交谈的时间（从5分钟增加到20分钟，再增加到半小时）；对象由1人增加到5人。训练成功后，改变训练内容，主动改变孤居离群的生活方式，积极参加集体活动，投入热火朝天的现实生活。

（4）一般要求分裂性格缺陷者通过训练后具有3~5位堪称知心朋友的较好合群能力。所谓知心朋友的最低标准是：经常接触交谈，做到互帮互学；相互之间知无不言，真诚相见；困难时相互支持，不存在心理隔阂。

2. 兴趣培养法

兴趣是人积极探究某种事物和给予优先注意的认识倾向，同时具有向往的良好情感。因此，兴趣培养训练有助于克服这类心理缺陷者的兴趣索然、情感淡薄的不健全心理状态。具体方法为：

（1）提高认知。要求本人有意识地分析自己的心理不足，确定积极探求人生的理想目标，并有为之奋斗的自信心、决心和生活情趣。应该懂得这样一个道理：人生是一次情趣无穷的愉快旅程，每一个人都应该像一位情趣盎然的旅行家，每时每刻在奇趣欢乐的道路上旅行。分裂性格缺陷者必须培养多方面的兴趣爱好，如唱歌、听音乐、绘画、练书法、打球、下棋等。多种兴趣爱好可以培育出向往生活的良好情感，丰富人们的生活色彩，给人的认识留下深刻的印象。

（2）积极参加集体活动。扩大社会信息量，克服情感淡薄的弊病。

3. 情感训练法

通过读书、欣赏文艺作品等，学会欣赏艺术美、自然美、社会美和心灵美，陶冶高尚情操。

如何纠治强迫性格缺陷

一、强迫性格缺陷的特征

这类人群的共同性格特征是：拘谨，犹豫不决，想问题办事情要求十全十美，过分追求完善标准，按部就班，非常仔细认真，循规蹈矩，讲信用，遵守时间，但是缺乏灵活性。他们过分自我克制，过度自我关心和具有强烈的责任感，生怕办错事给自己和别人带来损失和不利。因此平时小心翼翼，自我怀疑，精神高度紧张，难以松弛。这类人群显然在工作上高度负责，一丝不苟，但是效率不高，缺乏创造性和主动性。因此，导致社会适应性不强，人际交流困难。

临床研究发现，不少强迫性格缺陷者的父母亲是强迫性格者或者对自己子女教养方式过分严格、刻板，追求很高的道德和行为规范标准。家庭因素是导致强迫性格缺陷的重要原因。

强迫性格缺陷者很容易发展为强迫性神经症。

二、强迫性格缺陷的心理训练方法

心理训练的目的：主要是纠正性格固执的刻板性、追求十全十美的秩序性、过度自我注意的拘谨性。

1. 凡事勿求十全十美

强迫性格缺陷的表现形式多种多样，其中过分追求十全十美是一种重要的性格缺陷表现形式，必须力戒和纠正。美国著名精神病学家杰维·伯恩斯曾说过："过分追求完美，是取得成功的拦路虎，是自拆台脚的坏习惯。"他曾对 150 名推销员作过详细心理测定和个案分析，发现 40% 的人有过度追求完美无缺的性格缺陷，结果事业成功的机会很少。因为过分追求完美的人比一般人容易经受更多的心理压力和忧虑，导致创造能力和其他心理的削弱，轻者陷入强迫性格缺陷，严重者罹患强迫症。追求十全十美的性格，使自己的能力、人际关系和自尊心等心理行为扭曲，导致不合逻辑的思考问题方法，陷入"非圣人，即罪人"的认识误区。伯恩斯进一步分析过度追求完美者心理特点的危害性：1 非常紧张担心，无法把一件事情做完；2 不肯经受犯错误的风险；3 阻止创造新东西的努力；4 苛求自责，生活乐趣剥夺；5 总不能放松自己，总感到尚有不完美之处，永远陷入不安和恐怖心理；6 对别人不能容忍，被人看成爱挑剔的人，人际关系紧张。

2. 顺其自然，纠正过度自我注意的拘谨

由于强迫性格缺陷者过分压抑和控制自己，而减轻和放松精神压力的最有效方式是凡事顺其自然，该怎么办就怎么办，做了以后就不再去想它，也不要对做过的事进行评价。比如，担心门没关好，就让它没关好；桌上的东西没有收拾干净，遗漏些也无妨。开始时可能会由此带来焦虑的情绪反应，但由于患者的强迫行为还远没有达到强迫症那样无法自控的程度，所以经过一段时间的训练和自己意志的努力，症状是会消除的。

如何纠治爆发性格缺陷

此种性格又称癫病性格缺陷。这类人常常因细小精神刺激而突然爆发非常强烈的愤怒和强暴言行。由于癫病患者亦有类似性格缺陷，故名之。平时这类人性格黏滞凝重，缺乏灵活性，似乎表现出过分顺从和依赖性。一旦暴怒发作，情绪行为变得异常暴烈冲动，有很强的攻击性，甚至不考虑影响，不顾后果，与平时判若两人。间歇期恢复常态，对发作时的所作所为感到后悔，但无法防止再犯。此类性格缺陷多见于男性，女性少见。爆发性格缺陷者家族中常有同样患者。出生时产伤、难产窒息、婴儿惊厥、头部外伤、儿童多动症、破裂型家庭、幼小被父母遗弃、缺乏正常家庭温暖关怀等因素，都是诱发本型性格缺陷的重要原因。必须指出，这类性格缺陷者在心理卫生防治工作中具有特殊的意义。因为由这类人群组成的家庭，对自己的子女往往采取不协调型或强迫型的不良家庭教养方式，其子女发生心理缺陷和心理疾病的几率很高。

如何纠治攻击型性格缺陷

这种性格缺陷常常是青少年和中青年期发生不良行为的重要性格缺陷类型。这种人情绪高度不稳定，容易兴奋冲动，办事处世鲁莽，缺乏自制自控能力，从不三思而行，"干了再说"，是其基本性格特点。这类人群心理发育不成熟，判断分析能力薄弱，容易被人挑唆怂恿或盲从，对他人和社会表现出敌意、攻击和破坏性行为。

此类性格缺陷是一种以意志控制能力削弱为主要特征的性格缺陷，实际上有两种类型——主动攻击型和被动攻击型。上述表现是主动攻击型的表现。还有一种被动攻击型，这类人外表表现被动和服从、百依百顺，内心却充满敌意和攻击性。这种人多有对工作和学习过高要求的不满、反抗情绪，常采取借故不肯出操、训练等间接反抗形式。

此类缺陷者很容易发展为病态人格，事实上不少这类性格严重的偏异者，就是病态人格的患者。病理性赌博、偷窃狂、纵火狂、漫游狂等严重人格障碍者，常是此类缺陷进一步发展的结果。

如何纠治反社会性格缺陷

一、反社会性格缺陷的特征

此种性格缺陷又称"病态人格"。这种人不顾社会道德准则和一般公认的行为规范，经常发生反社会言行。他们冲动易怒，缺乏责任心和罪恶感，高度自我中心，利己主义，我行我素，具有较强的责备他人的倾向，经常发生违纪违法的行为。他们对自己的错误行为常倾向于明知故犯，屡教难改和损人利己，教育比较困难。

1980年心理学家朗姆提出9条反社会性格缺陷者特征，并认为具备5条者应作肯定诊断，具备4条者视为可疑：

（1）在校学生有逃学或殴斗等行为，造成管理困难。

（2）通宵离家外出不归。

（3）经常发生违纪、车祸或犯罪。

（4）工作表现差，无所事事，或无故经常变换工作岗位。

（5）抛弃家庭，离婚，夫妻不和，虐待妻儿老小等。

（6）经常暴怒和殴斗。

（7）两性关系混乱。

（8）缺乏计划地长期在外漂泊、流浪。

（9）持续和重复说谎或应用别名。

爆发性格、攻击性格和反社会性格缺陷三者常具有相似的损害他人和社会的言行表现，向外界呈现较强烈的攻击性、性格冲动、鲁莽失衡，缺乏自制自控能力，心理发育不健全、不成熟，因此有时发生鉴别、判断的困难。如果进一步分析和观察，三者仍有所不同。一般来说，爆发性格缺陷者是暴怒激情发作呈阵发性、间歇性特点，间歇期心理行为正常，而且发作期为时不长，平时的性格脾气符合常态。攻击性格缺陷呈现较为持久的攻击言行，缺乏自控能力，以对他人攻击冲动行为主要表现为"干了再说"的鲁莽式性格缺陷。反社会性格缺陷者常以损人不利己的失败结局而告终，无法吸取经验教训。简言之，爆发性格以情感薄弱为主症，攻击性格以行为自控能力低下为特点，而反社会性格则是情感和意志行为都呈现心理缺陷。

二、心理训练和教育的主要方法

1. 激情纠正训练法

三种心理缺陷者情绪高度不稳定，容易激动、暴怒，情感自控能力低下，惹是生非，扰乱社会，损人害己。对此必须向他们讲清道理和危害性，使他们在高度自觉的条件下接受心理训练。在心理医生的指导下，自己编制20～30个主攻靶症状，譬如：

（1）领导批评自己做错事时。

（2）领导不了解情况批评错时。

（3）同事对自己出口中伤，不尊重人格时。

（4）与同事因故争吵时。

（5）别人无故打骂自己好友时。

（6）在公共场合被别人冒犯而又不道歉时等等。

这些项目必须是日常生活中经常碰到的。可根据自己出现的情绪反应，从轻到重按顺序排列和分级，做到逐级适应。

具体步骤：

首先学会四种松弛方法，用以在无法自控情绪时对抗。

随后进行想象训练，对上述 20~30 个问题逐级想象，尽量逼真生动地想象，接近生活实际，并且加以忍耐，不使其产生较强烈的情绪反应。

当出现明显激情、焦虑等情绪反应时，用松弛方法对抗。

最后到实际生活中直接训练，有意识地接触上述不良情景，主动抑制自己的情绪反应，使自己激情行为完全消除。

每次训练 20~50 分钟，每日 1~2 次，15~20 次为一期，可以反复进行训练。在实践训练中，如果接触不良情景时，情绪反应轻微或者能够迅速自制自控，可视为效果满意。在训练期间，每日写日记和心得体会，主动自我反省，效果会更好。

2. 激怒自控法

适用于与人争吵，即将暴怒发作的时候，是一种快速对抗的心理控制技术。心理学研究发现，一个人激怒发作从心理机制上分为三个阶段：

第一阶段，潜伏期。表现为对他人意见不合或不满意，滋生不愉快情绪，一般尚未丧失理智，意志尚在起作用，有一定自控能力。

第二阶段，爆发期。产生争吵的高峰期，意见不统一，各人固执己见，争得面红耳赤，进而恶语伤人，动手殴斗。

第三阶段，结束期。争执相持不下或愤怒离开，拒不作答或旁人解围，最后不欢而散。

实际上主动制怒于第一阶段，并采取有效的制怒方法，可遏制消除激怒爆发。比如：(1)迅速离开争吵现场，转移注意力，避开引起激情发作的刺激源。(2)善于分析他人的性格特征和心理状态，避锐趋和，要以缓对急，以柔克刚，绝不能以急躁对急躁。(3)让别人把话说完，充分发泄，自动消气息火，这是避免争吵和激怒的有效方法。(4)咽不下气、平不息肝火、自尊心理是导致争吵的重要心理防卫机制。此时应用升华法、转移法、幽默法等，可有效缓释怒气。

3. 读书训练法

读书学习使人知书达理，明辨是非，开阔心胸，陶冶情操，故具有加强思想道德修养，纠治心理行为控制不良的功能。大量生活经验和临床观察资料表明，一般情况下，一个人的思想道德修养水平与其文化知识水平是相关的。读书学习使文化水平提高，有助于明察达理，增强心理行为自控能力。本类心理缺陷者应该多读些哲学、逻辑、政治思想修养方面的书籍，并且经常对照自己的行为，理论联系实际，加以改正。

4. 自省法

在偏执性格缺陷的心理训练中已介绍过，在此不再赘述。

5. 不良行为纠正训练法

在充分教育、启发自觉、明辨是非、提高认知能力的基础上，把不良行为作为靶症状进行纠正训练。例如以打人、说谎或偷窃行为作靶症状，编制心理训练评分表，逐日自我评分，由医生、领导、朋友作为指导督促人，检查评分的真实性，每周、每月小结考核，用适合受训者心理需要的奖惩方法强化训练效果。

6. 兴趣培养法

这种兴趣爱好必须是品格高尚，层次较高，具有陶冶心灵、转化心理行为、有助于提高人生追求和情趣的项目，如弹琴、绘画、文学创作、下棋、唱歌、集邮、体育锻炼等。要求除了正常的学习工作外，业余时间坚持练习、钻研提高，作出成绩。同时要求放弃原来一些低级趣味的兴趣或娱乐活动。一方面从高尚的兴趣爱好中得到启迪，净化心灵，提高心理认识水平和追求高层次的人生理想抱负；另一方面，分散和发泄过剩的精力和注意力，有助于身心健康和塑造较好的人格品质。

7. 提高心理认识训练法

心理发育不良和心理幼稚化常常使人心理需求水平低下，缺乏正确的人生动机，难以形成符合社会需要的人生观，心理认识水平低下，这是不良行为和犯罪的心理基础。具体方法可采取加强社会化学习、阅读名人传记、培养独立生活能力、外出参观访问扩大视野等方法，确立正确的人生观。

8. 自我情绪调节法

学会调节和控制自己情感活动的能力。情绪无法自控，难以保持心理平衡，这是本类心理缺陷者的通病。因此学会主动地自我情绪调节方法，具有重要的心理意义。具体要领是：大喜时要抑制和收敛；激怒时要镇静和疏导；忧愁时要释放和自解；思虑过头时要转移和分散；悲哀时要娱乐和淡化；惊恐时要镇定和坚强；恐怖时要支持和沉着。目的是使情绪的钟摆始终处于中位线附近，保持心理平衡状态。

如何纠治依赖型性格缺陷

一、依赖型性格缺陷的特征

1. 无助感。总感到自己懦弱无助，无能，笨拙，缺乏精力。

2. 被遗弃感。将自己的需求依附于别人，过分顺从于别人的意志，一切悉听别人决定，深怕被别人遗弃。当亲密关系终结时，则有被毁灭和无助的体验。

3. 缺乏独立性。不能独立生活，在生活上多需他人为其承担责任，从事何种职业都得由他人决定。

4. 为了获得别人的帮助，随时需要有人在场，独处时便感到极大的不适。这类病人都有一种将责任推给他人，让别人来对付逆境的倾向。

一般来说，这类人没有深刻而复杂的思维活动，亦无远大的理想抱负与追求，满足于得过且过的生活现状。

二、依赖型性格缺陷的心理训练方法

习惯纠正法。依赖型人格的依赖行为已成为一种习惯，首先必须破除这种不良习惯。清查一下自己的行为中哪些是习惯性地依赖别人去做，哪些是自作决定的。你可以每天作记录，记满一个星期，然后将这些事件分为自主意识强、中等、较差三等，每周一小结。

对自主意识强的事件，以后遇到同类情况应坚持自己做。对自主意识中等的事件，你应提出改进方法，并在以后的行动中逐步实施。对自主意识较差的事件，你可以采取诡控制技术逐步强化，提高自主意识。诡控制法是指在别人要求的行为之下增加自我创造的色彩。为防止依赖行为反复出现，可以找一个监督者，最好是找自己最依赖的人监督训练。

如何纠治癔症性格缺陷

一、癔症性格缺陷的特征

此种性格缺陷以中青年女性为多见，并且常在 25 岁以下。

癔症性格缺陷是一种较典型的心理发育不成熟的性格类型，尤其表现情感过程的不成熟性。这类人群情感丰富，热情有余，而稳定不足；情绪炽热，但不深刻。因此，他们情感变化无常，容易激情失衡，待人的情感呈现肤浅、表面和不真实。经常感情用事，好的时候，把人家说得十全十美，可是为区区小事，就能翻脸不认人，骂得人家一无是处。这是其心理行为的第一种特征。情感带有戏剧化色彩是本类型性格缺陷的第二种性格特征。这类人常好表现自己，而且有较好的艺术表现才能，唱说哭笑，演技逼真，有一定的感染力，因此本型性格缺陷人群又称为"寻求别人注意型人格"。他们常常表现出过分做作和夸张的行为，甚至是装腔作势的行为表情，使人们注意，引之为乐。暗示性很强是其第三种重要心理特征。这类人不仅有很强的自我暗示性，还容易接受他人暗示。他们具有高度的幻想性，常把想象当成现实，人云亦云，尤其对自己所依赖的人，可以达到盲目服从的地步。这说明他们的心理发育不成熟和不健全，缺乏独立性，依赖性很强。自我中心是本型性格缺陷的第四种心理特点。喜欢别人注意和夸奖，别人只有投其所好才合其心意，并表现出欣喜若狂，否则会不遗余力攻击他人。因此，癔症性格缺陷者既不能省察自己，又不能正确地理解别人。内心的冷酷，表面上的热情，自己亦无法真正把握自己真伪曲直的本质。一般来说，本型性格缺陷人群比较聪明、灵活，颇为敏感。

二、癔症性格缺陷的心理训练方法

训练目的是纠正心理不成熟、情感高度不稳定、自我中心、高度暗示性、戏剧性、用幻想代替现实。

1. 认知提高法

本类人群以女性多见，她们为人聪明、活泼，接受能力较强，但是心理发育不成熟，天真幼稚，幻想丰富，自我中心。对自己心理缺陷有所察觉，但是认识肤浅，不会自行克服纠正。提高认知能力和自知力是重点的纠正措施。

2. 读书训练法

刻苦学习，勤于用脑，有助于纠正心理不成熟缺陷。读书使人理智，有利于改变癔症性格缺陷者的情感高度不稳定、情感战胜理智的缺陷。

3. 自省法

情感丰富不稳定、热情而肤浅、心理不稳定、心理不成熟等心理缺陷，常使他们在人生道路上动荡不安，遇到心理矛盾和压力，常可诱发多种身心疾病，甚至导致癔症大发作。克服心理动荡不稳定，培育良好人格品质的较好方法是自省训练法。通常可采用写日记、记周记、自我反省、自我检查日常的心理行为的方法。重点是回顾检查自己的心理缺陷给个人和集体所带来的危害，以及采取正确的纠正方法后所带来的益处。可以由其好友或其信得过的领导负责审阅批改他们的书面记录，并给予启迪性评语建议，对他们微小的进步都要加以鼓励、肯定，以强化心理训练效果。

性格缺陷的食物疗法

看过上面这些性格缺陷及其救治方法，相信大家大有收获。其实某些性格缺陷还可以用食疗来纠治，长期坚持，效果也不错。

激动易怒的人：应减少盐分及糖分的摄取，少吃零食。可以多吃些含有钙质的牛奶及海产品，同时多吃些含维生素 B 丰富的食物。

优柔寡断的人：要建立以肉类为中心的饮食习惯，同时食用水果、蔬菜。

消极依赖的人：应适当节制甜食，多吃含钙和维生素 B_1 较为丰富的食物。

做事虎头蛇尾的人：宜多吃些胡萝卜、田螺、牡蛎、鸡肝、卷心菜、番茄、柠檬、柑橘等，而要少吃肉类食物。

固执的人：减少肉类食物，但可多吃鱼，并尽量生吃；蔬菜以绿黄色为主，少吃盐。

焦虑不安的人：多吃富含钙质和维生素 B 族的食品，并要多吃些动物性蛋白质。

恐惧抑郁的人：不妨多吃些柠檬、生菜、土豆、带麦麸的面包和燕麦等。

性格缺陷的运动疗法

不同的运动项目，对人的心理所起的作用不尽相同，各项体育活动都需要较高的自我控制能力、坚定的信心、坚韧刚毅的意志、勇敢果断的性格等心理品质作为基础。因此，有针对性地进行体育锻炼，对培养健全人的性格、克服性格缺陷不失为一种有益的尝试。

孤僻型

假如你觉得自己不大合群，不习惯与同伴交往，那你就应该少从事个人化的运动，多选择足球、篮球、排球等团队的运动项目。

集体运动项目，讲求团体的配合，需要团队合作精神才能取胜，会帮助不合群的人慢慢地改变孤僻的性格，逐步适应与同伴的交往，学会与群体相处。

胆怯型

有的人天性胆小，动辄害羞脸红，性格腼腆。这些人应该多参加游泳、搏击、单双杠、平衡木、拳击、摔跤等项目的活动。

游泳的时候，人在浮力的状态下，身心舒展、放松，得到安全感，减压效果颇为不错。另外搏击、平衡木、摔跤这些活动，要求人们不断克服害怕摔倒、跌痛等各种胆怯心理。

多疑型

除去神经症式的多疑，一般人的疑虑与猜忌主要源于自信心不足。这类人可以选择乒乓球、羽毛球、网球等体育运动项目。

这些球类运动玩得好了，会有"一切尽在自己掌握"的自豪感，消除对周边事物的疑虑。

急躁型

急性子的人多有遇事易急躁、感情易冲动的毛病，要克服这种性格缺陷，可以考虑选择瑜伽、太极拳、慢跑、长距离步行、游泳和骑自行车等运动强度不高、节奏缓慢而持久的项目。

这一类体育活动能帮助调节神经活动、增强自我控制能力，稳定情绪，使容易急躁、冲动的弱点得以改善。

紧张型

这一类型的人遇到重要的事情容易过度紧张失常，这类人适宜选择竞争激烈的运动项目，特别是足球、篮球、排球、乒乓球、羽毛球等。

竞争激烈需要全身心投入，快速反应，没有多少反复思考的空间，这一过程能转移紧张的心理。若能经常在这和激烈的场合中接受考验，遇事就不会过分紧张，更不会惊慌失措。

第五章 自信乐观者的成事法则

　　拥有自信乐观性格的人能够承担风险和责任，挑战挫折，自己主宰自己的命运。自信乐观是成功者的垫脚石，因为成功使他们内心生长出特别的优越感，所以他们会表现得更加自信乐观！

事业关键词：挑战性、责任与风险

自信乐观的人能够承担风险和责任，挑战挫折，自己主宰自己的命运。

自信乐观的人具有坚韧不拔，挑战挫折，创新进取的精神，有这种性格的人能够承担风险和责任，不附和别人，自己主宰自己的学习生活和命运。

笔者还有一个朋友，目前在北京一家出版社做编辑，是一名畅销书作家。从他写的书、编辑过的书来看，连笔者都认为他肯定是科班出身的，谁知他竟是沈阳体育学院学散打毕业的。从武到文，类似从阴到阳，从黑到白。那么这位搞散打的学生怎么当起编辑，写起书来啦？这是不是对中国的书刊界、教育界一个极大的讽刺呢？

原来，这位朋友小时候就爱写作，小学五年级开始写短篇，初中就写长篇。尽管他写的东西从来没有发表过，但他自信如果自己坚持不懈地写下去，靠写字吃饭根本没问题。

由于他学习成绩特别好，考大学是轻而易举的事。在高中分文理科时，父母为了让他能当一名医生，逼着他学理科。他虽然不愿意去学理科，但他自信也能把理科学好。

尽管他的物理、化学偏弱，他还是选择了理科，并准备报考中国医科大学。

这位朋友利用假期，把物理、化学自学了一遍，居然这两门的成绩在班级里名列前茅，总成绩在全年级也是三甲之列。本来他的医生梦变为现实只是时间问题，谁知他在高二下半年竟得了严重的神经衰弱，成绩一落千丈。

这位朋友天生不服输，也自信自己能做任何事，更善于挑战自我。他看体育专业对文化分数要求不高，而且对他的大脑也有好处，就改学体育。搞体育专业绝非一年之功，而且他的体质并不出众，别人劝他就这样算了，考不上大学的也不止他一个人，更何况他有足够的失败理由。

他根本不信这个，唯一相信的是自己能做得更好。凭着少年时练过武术，有扎实的武术功底，他毅然决然地攻起武术专项。这位朋友有意志有毅力，能吃常人不能吃的苦，能受别人不能受的罪。仅用一年的时间，体育专业测试就达到了八十七分，顺利地考入了沈阳体育学院。

四年后他从沈阳体育学院毕业，回家乡当了一名体育教师。家乡的学校都在追求升学率，体育是可有可无的课程，体育老师也是闲人一个。这位朋友一气之下停薪留职，跑到北京闯天下。

问到他刚到北京的感觉，他说：我一直认为，在北京工作，就远比在其他地方工作有荣耀感和成就感。我认为自己不找工作则矣，找就找那种办公条件最好的，知名度最大的，工薪不低，福利不差的公司。

他一直盯着这样的公司。这样的公司在北京比比皆是，但公司条件优越，就想招更优秀的人才。以前他认为自己有多么优秀多么了不起，无所不能无所不会，现在他才知道，自己是多么的普通多么渺小。自己除了一纸文凭以外，就没有别的专长，比自己更具才华的人在北京满大街都是。这位朋友在北京浪迹了将近一个月，工作还没有着落。他是一个无比自信的人，这样的失败不仅没有打倒他，反而更增强了他的斗志，下决心征服这座大都市。

因为是体育学院毕业，因为搞武术专业，他在北京一直找不到工作，最后没办法就租了一间小平房写稿件，后来又写书。或许他天生就是写书的料，一写就写成了，出版了，发行量还可以。于是，他便从事选题策划，自由撰稿，成为书商、出版商手中的摇钱树，最后应聘到一家出版社当编辑。

问问这位朋友现在有何感想，他说："我虽然出了许多书，但我真的没想过当作家，以后也不想，不过这项工作我确实喜欢，也感兴趣。"当说到他现在的职业与当初的专业有天壤之别时，他哈哈大笑说："我这个人天生就特别自信，天生就不服输。父母让我当医生，我觉得无论什么时代怎么变，也不能缺医生，什么专业都会冷，医生这个专业绝不会冷，学就学吧。父母让我报考北医大或中国医大，说实话我连中国医大在哪里都不知道，到沈阳体育学院以后才知道在沈阳。

"我得神经衰弱以后，也没有悲观过。因为我自信自己搞体育也能上大学。

"说起来也傻，那时的学生头脑里只有考大学。考什么样的大学，为什么要考这所大学，连自己也说不清楚。不管什么大学，考上一个就行。

"那年我攻体育，穿坏 12 双鞋，喝了 80 袋奶粉，可以说练到走火入魔的境界，最终考取沈阳体育学院，混了一个本科文凭。虽然有一身散打的本事，又似乎没有什么能耐。

"分配在中学教体育，但中学有几个校长、老师、学生，包括家长能把体育当回事？在他们眼里，体育是头脑简单四肢发达的人从事的。因此，自己在学校里没有地位，个人也没有成就感。因而便孤注一掷到北京从头再来。"

北京这座城市文化氛围重，让这位朋友又捡起小时候的爱好，并且如鱼得水，而且一发不可收。

在北京这座城市里，像这种人肯定不少，但是有他这种经历的人肯定不多。这位朋友不算辉煌，更不能算作成功，但能给我们一个启示，那就是心态影响性格，性格决定命运。

我们无法预知 3 年后的我们，更无法预知 30 年后的我们。这位朋友在从业方面可以说走过许多弯路，从爱好文学——立志考医——体育学院——编辑、作家的过程中，唯一能起决定性作用的就是他的自信意识——自信心态——敢于挑战的行为——征服一切的习惯——自信的性格——成功的命运。也正是这些，他才得以在命运转变过程中次次获胜。

一个人有多大的智慧，便有多大的能量，连自己都无法估计，只有在一定的环境下，一定的条件下，才能激活，才能展现。人是社会的总和，在人无法改变这个社会的时候，只好也只有适应这个社会。

活着不易，想更好地活着，尤为不易。在我们适应社会、融入社会、进而影响社会这个过程中，我们的心态，我们的性格，起着关键的作用，所以我们一定要自信乐观。

唯有此我们才可以在漫长而短暂的人生旅途中，抓住一切成功的机会，主宰并改变我们的人生与命运。

如何让自信乐观成为事业的基石

自信乐观是成功者的铺路石，因为成功使他们内心生长出特别的优越感，所以他们会表现得很自信乐观。是的，成功者和大富翁们总是很自信乐观。现在的问题是：是成功之后他们才自信乐观的吗？事实并非如此，拿破仑说："我成功，是因为我志在成功！"是因为对成功的自信促成了自己的成功。自信是什么呢？自信就是相信自己会成功、自己能行的一种乐观的心理状态。

球王贝利的名声可谓是如雷贯耳。但是如果告诉你贝利曾是一个自卑的胆小鬼，你也许不会相信，但这是事实。

"我为什么总是这样笨？"当时的贝利可没后来潇洒，当他得知自己入选了巴西最有名气的桑托斯足球队时，竟紧张得一夜未眠，一种前所未有的怀疑和恐惧使贝利寝食不安，因为他缺乏自信乐观。

贝利终于身不由己地来到了桑托斯足球队。"正式练球开始了，我已吓得几乎快要瘫痪。"他就是这样走进这支著名球队的。第一次教练就让他上场，还让他踢主力前锋。紧张的贝利半天没回过神来，双腿像是长在别人身上似的，每当球滚到他身边，他都好像看见别人的拳头向他打过来。他就是被逼上场的，而当他一旦迈开双腿，便不顾一切地在场上奔跑起来，他眼中便只有足球了，恢复了自己的足球水平。

那些让贝利深深畏惧的足球明星们，其实并没有一个人轻视贝利，而且对他还相当友善，如果贝利自信心稍微强一些，也不至于受那么多的精神煎熬。问题是贝利从小就太自尊，自视甚高，以致难以满足。他之所以会产生紧张和自卑，完全是因为把自己看得太重，一心只顾着别人将如何看待自己，而且是以极苛刻的标准为衡量尺度。这又怎能不导致怯懦和自卑呢？极度的压抑会淹没一个人所具有的活力和天赋。

强者并不是天生的，强者也有软弱的时候，强者之所以成为强者，正在于他们善于战胜自己的软弱。贝利战胜自卑心理的过程告诉我们：

1. 不要理会那些使你认为你不能成功的疑虑，勇往直前，即便失败也要去做做看，其结果往往并非真的会失败。医治自卑的对症良药就是：不甘自卑，发奋图强。

2. 必须对自己的实力有一个正确的估计。每个人都有超过其他人的天赋和才能，扬长避短，既是建立自信的有效途径，也是制胜之道。

一些积极主动的人总是因为自信心的毁灭而消极被动起来。他们逐渐对自己失去信心。这种微妙的心理暗示作用，使他们的创新精神遭到极大的削弱。他们逐渐失去了大刀阔斧、雷厉风行地果断处理一切事情的能力，他们很快会对一些重大事情变得畏首畏尾，不敢做出决定。他们的思想很快变得动摇起来，不再像以前那样成为领导者，而是成为追随者了。

我们大脑里贮有一种神秘的力量，它所产生的思想力量能帮助人们实现坚决去做的那一切。这种满怀信心的期待能使我们集中所有的精神力量去成就一番事业，这种力量总能呼之即来，不管我们为什么呼唤它，它总能按我们的决定和命令行事。

自信就是相信自己一定能做成自己想做的事，也就是说，遇到困难，从来不打退堂鼓。

性格是一个人能否成大事的关键因素之一，有人说，"性格直接决定一个人一生的成长"，因而我们一定要重视性格的培养和发展，以免在这个方面陷入误区。有许多一事无成的人，总以为是自己能力不够，而不是性格方面出了问题。在此我们首先要探讨的问题是：一个人能否具有自信的性格很重要。请你多加留意，很多人的失败也许就是因为缺乏自信，过于懦弱造成的。

自信是什么？自信就是相信自己一定能做成自己想做的事，也就是说，遇到困难，从来不打退堂鼓。

当然，自己相信自己必须是从无数的尝试和一再地坚持中形成的，表里如一的努力就会使人在这种"我是谁"的转变中获得成功。

如果一个人要想获得成功，脱颖而出，成为生活和工作中的优胜者，就应该首先在心目中确立自己是个优胜者的意识。同时，他还必须时时刻刻像一个成功者那样思考，那样行动，并培养身居高位者的广阔胸襟，这样，总有一天他会心想事成，梦想成真的。

身边的朋友或同事们对自己的看法，也会深深地影响我们对自我的信念。还有，时间也影响着自我的信念，过去、现在和未来，你是什么样子，你评价自己的标准又是什么呢？例如一个人在十年前过得并不如意，但他想象着有一个美好的未来，并极力为此目标奋斗。结果，今天的他正是当年他心目中确认的那个"未来形象"。由此可见，你以什么样的标准来看不同时期的自我，决定着你自我观念的发展方向的不同。

美国的一个女孩子戴伯娜讲述了她的一个故事：

> 我小时候是个胆小鬼，从不敢参加体育活动，生怕受伤，但是参加讨论会之后，竟然能进行潜水、跳伞等冒险运动。
>
> 事情的转变是这样的，你告诉我应该转变自我观念，从内心深处驱除胆小鬼的信念。我听从了你的建议，开始把自己想象为有勇气的高空跳伞者，并且战战兢兢地跳了一回伞，结果朋友们对我的看法也变了，认为我是一个精力充沛、喜欢冒险的人。
>
> 其实，我心仍认为自己是胆小鬼，只不过比从前有了一些进步而已。后来，又有一次高空跳伞的机会，我就视之为改变自我的好机会，心里也从"想冒险"向敢冒险转变。当飞机上升到15000米的高度时，我发现那些从未跳过伞的同伴们的样子很有趣。他们一个个都极力使自己镇定下来，故作高兴地控制内心的恐惧。我心想：以前我就是这样子吧！
>
> 刹那间，我觉得自己变了。我第一个跳出机舱，从那一刻起，我觉得自己成了另外一个人。

戴伯娜的自我观念转变后，从一个胆小鬼变成一位敢于冒险、有能力并且正要去体验人生的新女性。

一旦你改变那些自我观念，你的人生也会随之改变。你的人生将会更有意义和价值。

自信乐观者的做事禁忌

自信是一个人的优点。但是，什么东西都要讲究"度"，如果超过了一个"度"，就会出现过犹不及，物极必反的现象。真正自信的人，无论在什么情况下，都要对自己、对客观条件、对特殊的变化，具有清醒的认识和客观的评价，处世为人都讲究合理的方式方法，这样的人总是有先见之明，做事也不打无准备之仗。在静中观变，在变中求统一。

一个过度自信的人，就会过高地估计自己的能力，不切实际地夸大自己的优点、成绩和长处，盲目地相信自己的承受能力和运作能力，忽略一切，藐视一切。

过度自信的人的缺点主要有以下几点。

一、一叶障目，不见森林

过度自信的人，在以前成功过，或者在某一方面的确有过人的能力，或者获得过骄人的成绩。这样的人不会以发展变化的眼光看问题，看自己，看的是优点、成绩和长处；看别人，盯的是弱点、不足和错误，总是以己之长较人之短。

这样一比起来，就会觉得自己威风八面不可一世，既可呼风唤雨，又可点石成金。普天之下，唯我独尊，唯我为大。对前景盲目乐观，对发展估计不足甚至错误，对对手轻视懈怠。

一个人到了这个地步，肯定是不善于学习、总结和借鉴别人经验的。这样的人只有两种下场：一种是被时代所抛弃，另一种就是被对手打得体无完肤，永无翻身之日。自信的人永远都是审时度势，心如止水，既不会瞧不起自己，也不会看不起对手。做事的原则一不用宰牛刀屠鸡，二不用螳臂挡车。而过度自信的人就难免办傻事，冒傻气，会拿金条换稻草，或者穿"皇帝的新装"。

三、众叛亲离，孤家寡人

过度自信的人一般都听不得不同的意见，更憎恨反对自己的人。他们喜欢溜须拍马、阿谀奉承的属下，吃不了良药听不进忠言，肯定持顺我者昌、逆我者亡的心态。不懂得珍惜自己，便不会尊重别人。

每个人都有自尊心，再忠诚的下属也禁不住永无休止的伤害。无原则的人会借坡上驴，上既好之，下必奉之。你缺什么就给你补什么，你想听什么就说什么，只是不负责任。日子呢，得过且过，当一天和尚撞一天钟，敲一天木鱼念一天经，一切无所谓，不吃亏为上策。

而有原则的人会敬而远之，惹不起躲得起，上吊并非只有这棵歪脖树。这个爷难侍候，干嘛还当这个三孙子。三十六计，走为上策。

这样，过度自信的人身边只剩下小人、奸人，忠诚果敢之士纷纷离他而去，他也就成了孤家寡人。什么事也做不成，什么事也办不了，在过去的成绩上坐吃山空，坐以待毙。这样的人即使不被对手打死，也得活活饿死。

三、自我封闭，举步不前

一个过度自信的人容易强调自我，忽视他人、社会、时代对自己的影响和作用。人是社会的总和，人只有与社会相容、与时代适应，才能与时俱进同步发展。人的价值是在社会中体现人的成功受时局左右。

一个过度自信的人，在个人与社会的关系问题上会发生认识上的错误。一个演员演技再好，如果没有好剧本、好导演、好配角、好舞台、好灯光，演出来的戏也是独角戏，不仅没有艺术性，也谈不上观赏性。

其实社会的全面进步是个人全面发展的根本前提，社会中的每一位成功人士的成功都会受环境或大或小的影响。当然，这种影响有好也有坏。

由于过度自信的人具有排他性，把自己游离于社会之外，也就失去了生存的基本条件。自己把自己紧紧封闭，逐渐地会变成有智商没智慧，有体力没能力，有青春没热血，有勇气没毅力，说的比做的多，想的比干的多。

四、盲目冒进，得不偿失

过度自信的人过高地估计自己的实力，过低地估计对手的实力。做事情不会有统筹的安排，周详的计划，更缺少应变措施。因此，这样的人做事情就会盲目冒进，其结果只能一败涂地，别无他法。

历史上这样的人很多，比如大家熟知的西楚霸王项羽。楚汉对峙之初，项羽无论在军事力量上，还是在士气上，都远远地超过刘邦，他认为刘邦根本没有实力与自己抗衡，也自信刘邦永远不会发展到与自己共争天下的地步。

由于项羽过度自信，在鸿门放走了刘邦，让煮熟的鸭子在自己的眼皮底下飞走了；同样也是由于过度自信，在刘邦最脆弱的时候，没有乘胜追击，留下了燎原之星火。结果自己四面楚歌，自刎而尽。

还有一个例子就是被誉为"红顶商圣"的胡雪岩。在胡雪岩鼎盛时期，的确在官场、商场、洋场里收放自如，名满天下，其实力不容任何人小视。到后来也是由于过度自信，一切化为乌有。

胡雪岩是靠官场起家的，左宗棠是他最大的靠山。左宗棠红极一时，后来虽入主军机处，但毕竟已年迈，且衰弱多病，在朝廷逐渐失势。左宗棠的对手李鸿章把胡雪岩视为眼中钉、肉中刺，定计在上海搞定胡雪岩。胡雪岩在这时候还为左宗棠出钱办事。

在胡雪岩的生意达到巅峰时，他的生丝生意专营出口，几乎垄断国际市场。后来遭到洋商与洋行联合围剿，几乎将胡雪岩大量资金套牢。胡雪岩为了与洋人抗衡，不惜逆天行事，囤积大量生丝。

以前铁板一块的班子里，也出现了分崩离析的局面，有人已经叛变了胡雪岩，使其管理岌岌可危。

也是由于太自信，胡雪岩相信自己能挽狂澜于既倒，扶大厦之将倾。胡雪岩败就败在没有看清自己的处境，也没有看清对手的实力上，最后在钱庄挤兑风潮中转为衰败，最后落个家破人亡。

收敛你自负的锋芒

自信、自负与锋芒太露这三者涉及的是一个共同的问题，即如何看待自己的能力。自信是一种好的性格，一个人要想干好任何事，都必须首先相信自己的能力。自负的人都过高地估计自己，自以为了不起，实际上他并不像他自己认为的那样。锋芒太露的人是把自己的能力才干过分地张扬。

这三种性格的表象涉及对自身能力、才干怎样合理定位，自信的人表现为相信自己的能力，但表现谦虚、不自诩；自负的人夸大自己的能力，自以为了不起；锋芒太露的人相信自己的能力，但太过张扬和显露。自信是成功者的性格；自负不可避免地导致故步自封和停滞不前；而锋芒太露会令人讨厌，四处树敌，没有不招致失败的。

相信自己、过高地估计自己与显露自己似乎很难用确切的衡量标准，这正是我们主张不能简单化地看待一个人的性格的理由，也正印证了我们关于一个人的性格是个复杂体的论断。对一个人的行为表现，你怎么判断他是自信、自负，还是锋芒太露呢？

让我们先从方向上看，自信主要是内示行为，其目的也主要是鼓舞自己达到成功；自负虽然也是内示行为，但它令自我膨胀，看不到任何高于自己的人和事；而锋芒太露是向外的，夸耀自己才能的目的无非是给外人听或看。当然，自信有时也表露或宣泄，但其方向仍是对内加强自省自励，以达胜利；自负则是自我陶醉、自我欺骗；而锋芒太露不管通过什么方式，则完全是故意向外人炫耀自己。

一个人在攀登高峰时、在克服困难时、在接受挑战时，尤其需要十足的信心。具有自信性格的人为的是事业、科学、工作、理想等等；自负的人则是孤芳自赏，并无远大的追求，是一种自私的表现。锋芒太露的人，之所以显露锋芒，不管他怎么把自己说得高尚，说到底都是在为自己，为自己的私欲、为自己能升官、为自己能出国等等。

人在年轻时有些自负或锋芒太露也很难免。由于个人的个性（即性格）是很多层面的，不让其锋芒太露几乎不可能。所以有的人即使到了中老年也很难克服自负和锋芒太露的毛病，尤其是在人们盛赞"自信"是多么伟大、多么富有魅力时，人们往往把自负、锋芒太露说成是自信的表现，这就更显示性格是个多面体、多棱镜，是个复杂的难以搞清的命题。

你究竟偏向哪一种更多呢？如果你有在公众或他人面前自我炫耀、自我显露的癖好，那无疑你的性格就有锋芒太露的倾向；如果你在内心中老是瞧不起这个、瞧不起那个，总觉得比这个也强、比那个也不弱，那你肯定有自负的倾向。若有了这两种倾向，你只要学会谦虚就等于纠正你的性格偏向。因为能力、才干是客观的，你何必要自夸呢？你何必要显露呢？既然才干是客观的，不会因为你自认为比谁强就比谁强，那你又何必去做无谓的比较呢？当你学会了谦虚，能够不再故意显示自己，能够保持平静心态，不在内心里与别人较劲，那你就是一个既不自诩如何好，也不自馁如何差的具有自信品格的人了。

自我肯定是奠定自信的基石

当一个人面对失败时，若是产生自怨自艾的想法，将会招致严重的挫折感。这就是极度脆弱的性格！极度脆弱的性格会长久地深植在我们身上，而且不断地在我们的想法和行为上表现出来。一旦你的脑海里，有失败的感觉，你的外在行为将会表现得和你的想法一致，而且愈陷愈深。由此，你开始变得更加脆弱！

这种情况会持续且愈变愈糟，除非你脆弱的性格能消除。以销售员为例，当他处于长期的业务低潮后，若是能创下一笔惊人的销售业绩，则在他心中长久以来的低落情绪，将可戏剧性地一扫而空。

自我肯定能诱发光明积极、活泼开朗的性格而渐渐奠定信心的基石，有了自信为基础等于向成为英雄豪杰的目标迈进了一大步，因而成功立业的典型真是细数不尽。

俄国伟大的医学家米契克夫总是充满自信，他从小就养成积极自我肯定的性格，尤其是青年时代，常常对自己或别人宣示："我的才能出众，对事物热衷的程度无人能比，并能专心一致，我成为著名学者，是指日可待的事。"

把你的理想或决定向别人宣示，无异于订下不能反悔的契约，实不失为自我肯定的好办法。这种做法能把自己推向目标，努力迈进，产生一种鞭策的效果。

日常生活中能自我肯定的途径很多，以"戒烟"为例，自己先痛下决心，再四处向亲友宣布此项决定，结果有人因此而戒除烟瘾，这种自我肯定的方法，与米契克夫的自我肯定具有异曲同工之妙，尽管其内容、范围有大小之别。

如果自我肯定过于勉强，往往会带来相反的效果，但反复的自我肯定，仍是有助于消除反效果，所以勉励自己、勇于作为，仍不失为好现象。米契克夫因此而成功，就是一个范例。

被称为天才，留有九大交响曲以及很多不朽名曲的贝多芬，得了堪称音乐家致命伤的耳聋，但是他却能突破这个障碍，向音乐奉献了一生才华。贝多芬说："勇气就是不管身体怎样衰弱，也想用精神来克服一切的力量。"25岁是男人可决定一切的年龄，不要留下任何悔恨。可以看到，脆弱的性格会葬送成功！

走出烦恼的阴影

不自信乐观的人往往把周围环境当中每件美中不足的事情都放在心上，对周围事情的指责和消极的念头捆住了他们的手脚，使他们很难再去体验欢乐。他们认为一切事情都会糟下去，而且无意中自己造成不愉快的局面，使他们的预言实现。

这种性格的人往往被"情绪包袱"压得喘不过气。他们总想着过去，一讲话便是从前的灾祸、现在的艰难和未来的难以预测。

对于失败者来说，从来没有一件事情是满意的。当他们终于得到了所向往的东西的时候，他们又不再想要了；如果失去了的话，他们又一定要找回来。他们不断重复自己消极泄气的想法，把不幸和烦恼作为生活的主题。即便在平安无事、一切顺利的时候，也习惯于只琢磨生活当中那些令人消极泄气的事情。他们觉得不幸和气愤的时间太多。他们总是喜欢喋喋不休地发表消极泄气的言论。他们说泄气话，指手画脚，令人难堪，使别人同他们疏远起来。

这种性格的人常常由于似乎难以解决生活中的难题，并失去活力，陷于失望，无所作为。在遇到麻烦和苦恼的时候，他们往往把精力用在责怪、牢骚和抱怨上。

这种性格的人习惯说许多带"不"字的话，例如不能如何、不要如何、不应该如何等等。他们最常用的形容词是糟糕、讨厌、可怕和自私。他们没完没了地指责别人为什么不如何、怎么没有如何。

而成功者往往为自己四周的美好事物和自然的奇迹感到欢愉。他们对于鲜花含苞待放、雨后空气清新之类的小事也很喜爱。

自信乐观的性格是成功者关键性的品质之一，他们把自己的思想和谈吐引申为振奋鼓劲的念头和看法。有自信乐观性格的人体验得到现实存在的美好事物。他们把过去当成借鉴参考的资料库，对未来充满无限希望、欢乐。有自信乐观性格的人看重他们所具备的愉快而有价值的条件，想出有创造性的办法去争取达到想要达到的其他目标。有自信乐观性格的人能够迅速解决问题，把处境当中的消极方面缩小到最小，并且找出积极的因素来。他们致力于所处的环境中发现求得发展和学习的机会。

具有自信乐观性格的人喜欢同别人交往，不论自己有所收获还是对别人有所帮助，都喜形于色。他们对参与了的活动都从好的方面加以讲评谈论，同别人相处时也很热情。即使处于严峻的环境或灾祸之中，有自信乐观性格的人也会发掘出积极因素，鼓起勇气向前跨步，使情况有所改善。

有自信乐观性格的人在感到烦恼的时候，会动手去扭转所处的局面。他们知道，要过得顺心愉快，权利在自己手中。

有自信乐观性格的人善于用"情绪吸尘器"清除掉自己的烦恼念头和悲观情绪。他们在头脑里储存的是"好、妙极了、亲切、重要、喜欢、高兴、了不起"一类的词语。

不好的心情，会在心底播下不良的种子，并且生根发芽。因此，还是要尽量以明朗的心情来努力比较好。

假设现在被厄运打垮，也应该有着"过去已成过去，今后情况一定会变好"的信心。这种将心中由黑暗改变成光明的方法，会慢慢地改变周围的环境或条件。相反地，不求改变，心里一直失望地认为"我的环境不好，条件也不好"的话，就难以转变成好的环境或条件。所以我们应该抱着"环境或条件虽然不好，我也要做做看"这种心情而去奋斗。如此，就会在心底播下好的种子，并且由于积极的作用，环境或条件就会慢慢地变好。

当然了，只靠明朗的心情努力是不够的，还需要一边努力一边有"我要做给你看""我很想做""我一定要做"的这种思想才行。希望和努力能令你有条又新又活的道路。

努力而无法成功的人也很多。原因之一是，没有抱着"我一定要做给你看""我一定要用看到成功的心情去努力"。努力，加上信念，并一直持续下去，总有一天你会踏上一条成功的道路。本来被你认为"那么厚重，大概没办法打破"的一道墙，总有一天会在你眼前突然崩塌的。

大部分人在一生中都曾经有过失败的经验，都曾经有过几次烦恼的体验，但那些都已经成为过去了。未来将有什么伟大的事业等着我们去开创，是谁都无法预测到的。你一定要自信乐观起来。

第六章　坚韧敢为者的成事法则

　　拥有坚韧敢为性格的人在追求事业成功的道路上必定事事耗费苦心，但正是这种永不放弃和踏实努力的精神，为他们奠定了在困难中站起来的基础，有了这样的基础，他们的事业发展必定是踏实稳定的！

事业关键词：持久、耐心与进取心

为了追求创业的条件，事事必须耗费苦心，在困难中创立起来的基础，一定比较踏实。

商人的创业虽不像政治家那样，要经历一种社会力量与另一种社会力量的大规模的、激烈的斗争，但是同其他任何一种大事业一样，要面对各种强大的、威胁自身生存和发展的力量，常常会陷入险恶的处境，或面临决定自己苦心经营的事业成败、但却又变幻莫测的外部形势，由于有风险，常常会遭受沉重的打击，或严重的挫折，甚至彻底失败。此时，最需要的就是坚忍不拔的进取心，不成大事誓不罢休。

世界"塑料大王"王永庆就是因为坚忍不拔的进取心而崛起于贫穷，这种强烈的进取心，体现在许多中华商人的创业史中。

1917年1月18日，王永庆出生在台北新店直潭。父亲王长庚是一名穷茶农，体弱多病，全家的生活依靠母亲务农为主，家中生活非常贫困，除了几间仅能遮蔽风雨的茅屋外，一无所有。"家里穷得连鞋子也买不起"。王永庆祖籍福建安溪，在他曾祖父时迁到了台湾，几代都靠种茶为生。祖父常常告诫王永庆，茶山将会变成秀岭，因为要茶树长得好，必须铲除杂草，长此以往会造成水土流失，所以靠种茶是没有出路的，王永庆从小就树立了到外边闯一番事业的志向。

15岁时，王永庆小学毕业。因为家里穷，他无法继续求学，只好去嘉义做工，在一家米店当小工。

16岁时，王永庆决心自己去创业，他向父亲借了200元台币做本钱，开了一家米店，开始的时候很艰难，因为附近居民都有米店，一时挤不进去。王永庆毫不气馁，他一家一家去推销，并把米中杂物拣得干干净净，有时还深夜冒雨把米送到用户家中，尽量满足顾客的需求，过硬的服务质量使他逐渐赢得了客户，生意越做越好。

之后不久，他又开办了一家碾米厂。当时，他的隔壁也有一家碾米厂，条件比他优越，为了在竞争中取胜，他每天苦干十六七个小时，终于压倒了对方。

后来，他又开办了一家砖厂。这样，他便有了几家小企业了。抗日战争期间，他的米厂被日军飞机炸塌，但他并不灰心，反而办了一家更大的。

抗战结束后，台湾被光复。王永庆此时开始打入木材市场，不过那时是惨淡经营。直到50年代，台湾建筑业蓬勃兴起，木材价格猛涨，王永庆才抓住了这次机会，由一个小商人一跃成为大商人。

在当时，台湾岛内资源贫乏，许多工业材料都依赖进口，塑胶原料便是其中之一。王永庆和其他商界同仁雄心勃勃地合资建立了一座聚氯乙烯工厂，以120万美元的价格，从日本取得了技术，在1957年开始投产，并把公司名称正式定为"台湾塑胶工业股份有限公司"。王永庆是这一公司的主要股东和经营者。

他们的这种投资在当时的台湾是相当冒险的，一位化学家曾经预言：王永庆要破产。他们遇到了前所未有的困难，当时日本产的塑胶粉充斥着台湾市场，而台湾塑胶加工工业尚处于探索阶段，"台塑"的聚氯乙烯无人问津，令一些股东心灰意冷，纷纷退股，致使"台塑"面临倒闭的危险。

创业的艰难并没有使王永庆退缩。他毅然变卖了自己所有的产业，购买了"台塑"的所有产权，独自经营。在经营中，他主要采用了两项措施：一是反其道而行之，大量地增产，但同时提高产品质量，投资70万美元更新设备，结果不仅提高了质量，而且还降低了成本，价格自然也就低了，结果市场被打开了。二是在1958年投资设立了"南亚塑胶加工厂股份有限公司"，利用"台塑"的聚氯乙烯粉加工制造各类塑胶产品，起到了一举两得的作用。

与此同时，王永庆还进行了多元化投资。投资设立了"新茂木业股份有限公司"，成立初期，只有三条生产线，20 多年后，已拥有 5 个加工厂。1968 年，他又趁势把"朝阳木业股份有限公司"并入"台塑"集团。

王永庆还积极进军纺织业是在 1964 年，他成立了"台湾化学纤维股份有限公司"，在彰化建立了木浆—漂染—纺织加工一体化作业的工厂，利用木材废料制造纤维。1968 年，他又与一家日本公司各自出资 2000 万台币，成立了"台旭纤维工业股份有限公司"，工厂设在宜兰，占地 11 公顷。

王永庆常常告诫儿孙："中国有句古老的俗话：富贵不过三代。白手起家的第一代，往往缺乏创业的条件，他会感觉到，如果不努力，根本没有出头的日子。为了追求创业的条件，事事必须耗费苦心，在困难中创立起来的基础，一定比较踏实。第二代和第三代如果善于利用这个基础，应该比第一代更有成就。但人在舒服的环境中，往往不太容易激发向上的志气，第二代多少受到第一代言行的影响，还知道用功。到了第三代，不但没吃过苦，甚至也没有见过什么是苦，就容易松懈。人一旦松懈，会不知不觉地疏于防范，所以说，富贵不超过三代。"

王永庆的发家史是一部奋斗不息、积极进取的历史，是他坚忍不拔的进取奋斗史。如今，王永庆是台湾最大工业集团——台塑关系企业的董事长，拥有千万名员工，10 万股东，1 万多家客户的企业。他的集团内有大企业公司 16 个，学校、医院各一所，每年营业额高达 1650 亿新台币。如今，他正在向更高的目标迈进。

洛克菲勒家族从哥伦比亚大学得到了纽约市中心的产业，建造了洛克菲勒中心摩天大楼。他把钱转到了基金会，这样可以避免美国的高收入、高税额的政策，既可以保留财产，又可以控制这些钱。

有其父必有其子，他的儿子小洛克菲勒也是如此。洛克菲勒去世时私人财产估计为 40 亿美元，除了半数交给妻子外，其余大部分放在别的基金会，这样可以避免高额的遗产税，洛克菲勒这种一举多得的方法，为自己挽回了面子，又保留了巨额资金。

尽管洛克菲勒很富有，却始终过着节俭的生活，他很少为自己买新衣服。饮食方面也不讲究，爱吃面包、喝牛奶，餐桌上的食品一向简单。他的庄园也以简单舒适为主，不愿意过度奢华。

人们曾把洛克菲勒的成功归结于"节俭致富"，尽管性格中克己的一面有助于他的成功，但不是最主要的。洛克菲勒由一个小小的会计助理，成为亿万富翁，是多种因素促成的，节俭是一个很重要的方面。由于他的精于计算，他成了石油大王。

如何让坚韧敢为成为事业的基石

"忍"这种性格的好处就是：人的一生当中会遇到很多问题，如果你能忍一忍，并学会调节自己的情绪和心态，以后即使遇到大的问题，自然也就能忍受，也自然能忍到最好的时机再把问题解决，这样才能成就大事业！当然，我们要把能忍之人与人们平常所说的"窝囊废"区分开来，千万不要去做后者。一个人要学会忍耐，也不能放弃一身正气，碰到公正有理之事时，你要据理力争，以正压邪，而不能丧失一个人的人格。换句话说，忍也要看忍的对象、范围和忍的程度。大事忍，小事也忍，无理时忍，有理时也忍，这就真是一个"窝囊废"了。

当一个人处于一种弱势的时候，要学习一种"忍"的本领，小不忍则乱大谋嘛！

人活于世，做人做事若能"率性而为"，那人生就没什么可遗憾的了。但人的一生中，总会遇到许多人际关系和事业上的不如意，这些不如意需要你以智慧和耐心去解决，而不是靠你一时的喜恶和脾气来对待。

如果你看不惯老板的苛刻，就说"老子不干了"，这并不能解决问题。因为苛刻的老板很多，你在别的地方也会碰到，而你辞了职，又有谁在乎呢？你若失业，不仅没人在乎，说不定还有人在偷着笑哩！如果你嫌工作辛苦，就任性地放弃，那么你放弃的也可能是一个绝佳的机会，当然，也没有人在乎你的放弃，因为那是"你自己的事"！如果某人激怒了你，你就拿起刀子……那么，你坐了牢，毁了一生，倒霉的是你，伤心的是家人，别人是一点也不在乎的……久而久之，你就会养成一种放纵自己情绪的习惯，遇到问题就由着性子去做，也许有时候你真的解决了问题，但也可能为你自己的将来埋下了祸根。因为你可能得罪了很多人，即使他们当时不说什么，日后还是会伺机报复的。这样下去，对你的事业和人际关系就会破坏多，建设少，甚至还有可能带来毁灭。尤其你一旦给人留下"不能控制情绪"的印象，那真的是难以翻身。所以那些落魄的人、自我毁灭的人，多半是一些性情中人。这一点，只要我们多加观察就可明白。

或许你会说，某人有显赫的家世、雄厚的家产，当然可以，"任性而为"。这种人也就随他去了，因为如果他想任性而为，别人也劝不了。问题是，这种"任性而为"对他来说并没有什么益处，而且这种任性而为的结果常常是毁了他自己！

无论在事业上还是人际关系上，遇到不如意时，请你别说"只要我喜欢，有什么不可以"，而是应该：

1. 忍耐！

2. 掂量轻重；

3. 然后再做出决定。

审视一下你自己，如果你的性情不好，那就要试着改变它，切不可任由自己的坏性情随意而为！

无论是谁在社会上行走，"忍"字都很重要。一个人不可能在任何时间、任何场合下都事事如意，有些事情怎么也无法解决，有些事情可能没法很快解决，所以你只能忍耐！俗话说，"小不忍则乱大谋"。那种动辄发脾气的人虽然可以解除一时的心理压力，但从长远来看，他会断了自己的前程，失去长远利益。因为他自己解了一时之气，那一定有人受气，这些受气之人日后必定记着，说不定还会秋后算账！

当然，每个人遇到的情况都不一样，因此什么事该忍，什么事不该忍，并没有绝对的标准，但在一种情形下，你必须忍——当你的形势比人弱时！

形势比人弱，主要是指客观环境对你不利，如在公司里受到上司的羞辱、排挤；对目前工作环境不满意，可是又没有更好的工作机会；自己好不容易做个小生意，却受到客户的刁难；想创业，却没有资本；或者好好地走在街上，却无缘无故地被人欺……

因此，当你身处困境、碰到难题时，想想你的远大目标吧！为了大目标，一切都可以忍！千万别为了解一时之气而丢掉长远目标。

坚韧敢为往往有助于你走出逆境。

不仅是在必要情况之下忍受一切，而且还要喜爱这种情况。

已故的威廉·波里索，即《十二个以人力胜天的人》一书的作者，曾经这样说过："生命中最重要的一件事，就是不要把你的收入拿来算作资本。任何一个傻子都会这样做，但真正重要的事是要从你的损失里获利。这就需要有才智才行，而这一点是一个聪明人和一个傻子的本质区别。"

波里索说这段话的时候，他刚好在一次火车失事中摔断了一条腿。卡耐基也认识一个断掉两条腿的人，他同样是一位从不幸中顽强崛起的好汉。他就是班·符特生。卡耐基是在乔治亚州大西洋城一家旅馆的电梯里碰到他的。在卡耐基踏入电梯的时候，注意到这个看上去非常开心的人，两条腿都断了，坐在一张放在电梯角落里的轮椅上。当电梯停在他要去的那一层楼时，他很开心地问卡耐基是否可以往旁边让一下，好让他转动他的椅子。"真对不起，"他说，"这样麻烦你。"——他说这话的时候脸上露出一种非常温暖的微笑。

当卡耐基离开电梯回到房间之后，除了想起这个很开心的经历，什么事情他都不能思考。于是去找他，请他说说他的故事。

"事情发生在 1929 年，"他微笑地告诉卡耐基，"我砍了大堆胡桃木的枝干，准备做菜园里豆子的撑架。我把那些胡桃木枝子装在我的福特车上，开车回家。突然间，一根树枝滑到车上，卡在引擎里，恰好是在车子急转弯的时候。车子冲出路外，我撞在树上。我的脊椎受了伤，两条腿都麻痹了。"

出事的那年我才 24 岁，从那以后就再也不能走路。

一个人才 24 岁，就被判终身坐轮椅生活。卡耐基问他怎么能够这样勇敢地接受这个事实，他说："我以前并不能这样。"他当时充满了愤恨和难过，也抱怨他的命运。可是时间仍一年年过去，他终于发现愤恨使他什么也做不成，

"我终于了解，"他说，"大家都对我很好，很有礼貌，所以我至少应该做到，对别人也有礼貌。"

卡耐基问他，经过了这么多年，他是否还觉得那一次意外是种不幸？他很快地说："不会了，"他说，"我现在几乎很庆幸有过那一次事情。"他告诉卡耐基，当他克服了痛苦之后，就开始生活在一个完全不同的世界里。他开始看书，对好的文学作品产生了喜爱。他说，在 14 年里，至少念了 1400 多本书，这些书为他带来崭新的世界，使他的生活比他以前更为丰富。他开始聆听很多音乐，以前让他觉得烦闷的伟大的交响曲，现在他非常感动。可是最大的改变是，他现在有时间去思想。"有生以来第一次，"他说，"我能让自己仔细地看看这个世界，有了真正的价值观念。我开始了解，以往我所追求的，大部分一点价值也没有。"

读书使他对政治有了兴趣。他研究公共问题，坐着他的轮椅去发表演说，由此认识了很多人，很多人也由此认识他。后来，班·符特生——仍然坐着轮椅——成了乔治亚州政府的秘书长。

卡耐基在纽约市办成人教育班时，发现很多成年人最大的遗憾是没有上过大学，他们似乎认为没有接受大学教育是一个很大的缺憾。但有成千上万很成功的人，连中学都还没有毕业。所以他常常对这些学生讲一个人的故事，那个人甚至连小学都没有毕业。他家里非常穷苦，当他父亲过世的时候，还得靠他父亲的朋友们募捐，才把他父亲埋葬了。父亲死后，他母亲在一家制伞厂里做事，一天工作 10 个小时，还要带一些工作回家做到晚上 11 点。

在这种环境下长大的这个男孩子，曾参加当地教堂举办的一次业余戏剧

演出活动。演出时他觉得非常过瘾，因而他决定去学演讲。这种能力又引导他进入政界。30 岁的时候，他就当选为纽约州的议员，可是他对此一点准备也没有。事实上，他甚至不知道这是怎么回事。他研究那些要他投票表决的既冗长又复杂的法案——可是对他来说，这些法案就好像是用印第安文字所写的一样。在他当选为森林问题委员会的委员时，他觉得既惊异又担心，因为他从来没有进过森林一步；当他当选州议会金融委员会的委员时，他也很惊异而担心，因为他甚至不曾在银行里开过户头。他当时紧张得几乎想从议会里辞职，只是他羞于向他的母亲承认他的失败。在绝望之中，他下决心每天苦读 16 个小时，把他那无知的柠檬变成一杯知识的柠檬水。这样努力的结果，使他自己从一个当地的小政治家变成一个全国的知名人物，而且《纽约时报》也称呼他为"纽约最受欢迎的市民"。

这就是艾尔·史密斯。

当艾尔·史密斯开始他那自我教育和政治课程 10 年之后，他成为对纽约州政府一切事务最有权威的人。他曾 4 度当选为纽约州长，这是一个空前绝后的纪录。1918 年，他成为民主党总统候选人，有 6 所大学——包括哥伦比亚和哈佛——把名誉学位赠给这个甚至连小学都没有毕业的人。

艾尔·史密斯亲口告诉卡耐基，如果他当年没有一天工作 16 个小时，化负为正的话，所有这些事情都不可能发生。

尼采对超人的定义是："不仅是在必要情况之下忍受一切，而且还要喜爱这种情况。"

不坚韧性格的缺点

每一个人都渴望成功，也都愿意为成功而付出，可是我们却很少有人能做到坚韧。看看那些一生中没有取得成功的人，他们不是没有能力，也不是没有机遇，就是因为做不到坚韧，结果不是与成功擦肩而过，就是事倍功半。

上面讲述了坚韧型性格的几大优点，那么不坚韧性格的缺点又有哪些呢？

不坚韧的人往往都是目光短浅、急功近利的人。成功，就像树上结的果实。你若想取得成功，就得耐心地呵护这棵树，春季里为其松土施肥，修枝打叶；夏季里拔草打药，驱虫防雹；秋冬里昼夜看守，防别人偷抢。等果子真正熟了，才能采摘。吃，香甜可口；卖，也能卖个好价钱。

不坚韧的人是不能等到果子熟了那一天的，他们不能忍受春季的辛苦劳作，不能忍受夏季酷暑炎热。不等果子成熟，就去吃就去卖，结果可想而知，一切前功尽弃。

成功往往就离你五步，如果不能坚韧，只看到脚尖的尺寸之围，往往会捡了芝麻丢了西瓜。不坚韧的人往往是急功近利之人，杀鸡取卵，最后只能两手空空。

笔者认识一位年轻人，此人文学天赋很高，也想在文学上取得一番成就。一位出版社的编辑知道了这件事，了解了这个人，便让他来到北京，为他提供食宿，让他练习写作，并做耐心的辅导。

要想成为一名名作家、自由撰稿人，就得在文字上、想象力、思想境界上取得非常高的造诣才行。这位编辑先从文字功底、写作技巧上对他加以辅导，并且在思想上、做人方面加以指导。

培养坚韧的技巧

知道自己需要什么，是发展坚韧的重要的一步。

坚韧，是一种优秀的品格，因此，它能够慢慢培养。跟其他性格一样，坚韧是奠基在固定的因素上的，这些因素是——

1. 恒久的远大目标：知道自己需要什么，是发展坚韧的重要的一步。强烈的驱动力会使一个人去克服许多困难。

2. 强烈的欲望：一个人在追求强烈欲望的目标时，会较为容易获得支持坚韧的精神。

3. 有自信心：相信自己有能力实现计划，可以鼓励一些人利用坚韧的精神来执行计划。

4. 固定的计划：组织化的计划，即使它们是薄弱而不实用的，也可以鼓舞坚韧的精神。

5. 博学的知识：如果以猜测来代替精确的知识，你会在失望中摧毁坚韧的精神。

6. 热忱的合作：热忱、了解和与别人的合作协调，能促使一个人培养坚韧的精神。

7. 坚韧的意志力：把一个人专注思想的习惯，用在获得固定目标的筹划上，会导向坚韧。

8. 良好的习惯：坚韧是良好习惯的直接后果。

第六章

坚韧敢为者的成事法则

第七章　敏感孤独者的成事法则

　　一个拥有敏感性格的人，在事业发展中一定能够及时捕捉到"先机"，并且可以通过不断变化的客观环境来调整自己的策略。但需要注意的是：有时敏感的性格会衍生出对失败的畏惧和气馁情绪，这一点是会妨碍自己的事业发展的！

事业关键词：快速、灵敏与机会主义者

香港商人刘文汉是一个很敏感的人，他善于捕捉"商业战机"，根据已经变化了的客观条件及时调整自己的经营策略。他的发家是靠他从听来的一句话中捕捉到了一条重要信息，而他事业达到顶峰又是他能"相时而动"的结果。

1958年，刘文汉在美国谈生意，一天他来到坐落在美国克利夫兰市中心的一家餐馆里吃饭。他边吃边想，在美国住的这几天，他有很多新鲜的感觉，令人印象最深的是美国人的无时无刻不在琢磨发财的机会，发财的欲望令人吃惊。正当他感慨万千的时候，两个美国人的谈话吸引了刘文汉的注意力。这两个来吃饭的美国人每人要了一杯烈性威士忌，边喝边聊，话题就是如何发财。有一个人说：如果开创一个新事业，比如说生产假发，那肯定能发大财。那时候，很多人还不知道假发是什么东西，生产假发的公司几乎还没有。说者无心，听者有意，刘文汉凭着他敏锐的判断力，感到生产假发的确是一项大有可为的事业，能给自己带来巨大的财富。

尽管当时刘文汉对假发一无所知，但他坚信自己一定能在假发业上大干一场。不懂技术没关系，君子要"善假于物"，善于使用别人的能力，为自己的事业出力。回到香港后，刘文汉历尽千辛万苦，终于寻找到了一位懂得假发技术的理发师。经过三顾茅庐般地相请，理发师终于没有对刘文汉的热情不屑一顾，他答应出任刘文汉的总设计师。刘文汉的假发公司成立了，由于这种产品符合人们的心理需求，再加上产品品质的优良，并配有生动、新奇的广告，立即使他的假发一炮走红。刘文汉的假发制造业令他获得了巨大的财富，他也被冠以"香港假发大王"的称号。

刘文汉的成功，使许多人纷纷投资生产假发，争夺这个巨大的财富市场，大有"诸侯并起"之势，这股热潮不亚于当年美国西部的"淘金热"。然而一棵大树上的果子数量终究是有限的，群雄并抢，用不了多久就会被抢完。刘文汉意识到了这一点，于是，他激流勇退，变卖家当从假发业中脱身出来，又把眼光投到其他行业上。

他又瞄准了一个能赚大钱的行业——葡萄酒制造业。由于他经营得法，葡萄酒销路很好，没有几年就使他的葡萄酒厂成为世界上华人所拥有的最大的葡萄酒厂。刘文汉的事业又理所当然地登上了一个新的高峰。

如何克服自卑

能够妨碍你事业成功的，不是你的遗传，而是对失败的畏惧，是自我的气馁和自卑情绪。

敏感型性格的人具有自身的一面，怎样克服自卑呢？从生命的第一天开始，至其结束为止，肉体与心灵的合作便一直持续不断。

因为每个人的生活习惯不同，因此人与人之间在心灵上有着巨大的差异。有缺陷的人，在心灵的发展上要比其他人有更多的阻碍，他们的心灵也较难影响、指使和命令他们的肉体趋向优越的地位。他们需要花费较多的心力，才能获得与他人相同的目标。由于他们心灵负荷重，会变得以自我为中心，只顾自己。结果，这些人的社会感觉和合作能力就较其他人差。缺陷尽管造成了许多阻碍，但绝非无法摆脱自我命运。如果心灵主动运用其能力克服困难，一定会和其他人一样获得成功。事实也证明，很多有缺陷的人，虽然遭遇许多困扰，却常常要比身体正常的人有更伟大的成就。身体阻碍往往是促使一些人迈向前进的助推器。当然，只有那些决心要对群体有所贡献，而兴趣又不集中于自己身上的人才能成功地学会补偿。

每个人都有不同程度的自卑感，因为每个人都希望改进自己所处的地位。没有人能够长期忍受自卑感。一定要采取某种措施，解除自己的紧张状态。但是，如果一个人已经气馁，认为自己的努力不可能改变所处的环境，却又仍然无法忍受他的自卑感，那么他依旧会设法摆脱他们，只是所用的方法不能使他有所进步。他的目标虽然还是"凌驾于困难之上，可他却不再克服障碍，而是用一种优越感来自我陶醉，麻木自己"。造成自卑感的情境仍然一成未变，问题依然存在，自卑感会越积越多，行动会逐渐将他自己导入自欺之中，这便是"自卑情结"。这个术语的定义是：当个体面对一个他无法适当应付的问题时，当他表示他绝对无法解决这个问题时，此时显现的便是"自卑情结"。如果别人告诉他正在蒙受自卑情结之害，而不是让他知道如何克服它们，只会加深他的自卑感。应该是找出他在生活风格中表现出的气馁之处，在他缺少勇气处鼓励他。

必须指出的是，自卑感本身并不是不正常的，它是人类之所以进步的原因。自卑感始于人的懦弱和无能，由于每一个人都曾是人类中最弱小的，加之缺少合作，只有完全听凭其环境的宰割，所以，假使未曾学会合作，他必然会走向悲观，导致自卑情绪。对最会合作的人而言，生活也会不断向他提出尚待解决的问题，没有谁会发现自己所处的地位已接受其环境完全控制的最终目标，谁也不会满足于自己的成就而止步不前。

应该说，很多人都有自己的优越感，它是属于个人独有的，取决于他赋予生活的意义。这种意义不只是口头上说说而已，而是建立在他的生活习惯之中。优越感如同生活的意义一样是在摸索中不断形成的。

优越感的目标一旦被个体化以后，个体就会节减或限制其潜能，以适应他的目标，争取优越感的最佳理想。对于一个健康的、正常的人来说，当他的努力受阻于某一特定方向时，他会另外寻找新的门路。因此，对优越的追求是极具弹性的。有关学者指出，特别强烈地对优越的追求使人变得唯我独尊，这些人毫不掩饰地表现出他的优越追求，他们会断言"我是拿破仑"，"我是中国的皇帝"。他们希望自己成为世界注意的中心。

事实上，对优越的追求是人类的天性，而这些人的错误在于他们的努力目标是生活中不大可能获得成功的那一面。若要帮助这些用错误方法追求优越的人，首先是让他们知道，人对于行为、理想和性格等各种要求，都应以合作为基础，要面对真正的生活，重新肯定审视的力量。

世界上有许多名人，在学校中曾是屈居人后的孩子，后来恢复了勇气和信心，取得了伟大的成就。能够妨碍你事业成功的，不是你的遗传，而是对失败的畏惧，是自我的气馁和自卑情绪。

敏感孤独者的做事禁忌

孤独的人喜欢独处，不善交际，如果能把全部精力运用于事业，对事业任劳任怨，往往能有很大成就。

"我实在是一个'孤独'的旅客，我未曾全心全意地属于我的国家，我的家庭，我的朋友，甚至我最亲近的亲人；在所有这些关系面前，我总是感觉到一定距离并且需要保持孤独——而这种感觉正与年俱增。"

爱因斯坦曾经这样写道。

20 世纪伟大的科学家爱因斯坦以他的相对论开辟了当代物理学的新纪元。他也是原子时代最伟大的科学家，是有史以来人类历史上最杰出的知识分子，"爱因斯坦的一生，在人类对宇宙认识的贡献上是无与匹敌的，已被确认为是整个人类历史上的科学巨人。"

伟大的爱因斯坦是孤独的，正如他自己所说的，他是"孤独的旅客"。孤独性格往往是一种深刻的境界，是一种常人所无法理解的层次，他的孤独是一种状态，是一种力量，是他唯一可感知可把握的。

爱因斯坦 1879 年出生在德国的乌尔姆城，父母均为犹太人。爱因斯坦在瑞士读完高中，1905 年在伯尔尼大学获博士学位。爱因斯坦先后在德国和美国居住、生活，经历了两次世界大战，更由于他是犹太人，即使他已经是享誉全球的科学家，也难逃遭希特勒纳粹迫害的厄运。这一切为他辉煌的一生注入了许多坎坷与不幸。

然而在常人看来，他身上有许多不为人理解的怪癖：他常常忘记带家中的钥匙，甚至在结婚当天，喜宴结束后，他和新娘返回住所时不得不喊房东太太开门。在生活上，爱因斯坦不修边幅，在他获得诺贝尔奖之后，仍是这样，头发蓬乱，以至来求见他的年轻人不敢相信眼前这位就是大名鼎鼎的爱因斯坦。

移居美国后，生活状况有了大的改观，但从装束上，他依然很随便。他经常穿着一件灰色的毛线衣，衣领上别着一支钢笔，不穿袜子，甚至连面见罗斯福总统时也没有穿袜子。

有许多人不知道，爱因斯坦还是一位出色的小提琴手，对音乐有很深的造诣。他的母亲波林是一位具有文化修养的女性，爱好音乐，是爱因斯坦的启蒙老师。爱因斯坦六岁开始学习小提琴，七年之后，他懂得了和声学和曲式学的数学结构。学习小提琴时，他通过莫扎特的奏鸣曲来学习的，他爱上了莫扎特，小提琴也成了爱因斯坦科学生涯中的终身伴侣和欢乐女神，它为这位科学家驱散了忧郁和喧嚣，驱走了混乱和邪恶。

爱因斯坦认为，想象力是科学研究中的重要因素，而音乐对于想象力是直接有帮助的。无论走到哪里，他总是带着心爱的小提琴。他曾经和著名科学家、量子论的创始人普朗克一起演奏贝多芬的音乐作品，成为科学界的美谈。在科学研究陷入困境时，爱因斯坦会暂时放下手中的工作，拉上一段曲子，让自己的身心沉浸在美妙和谐的旋律中，以科学家的深邃目光欣赏音乐，理解音乐，把物理学和音乐同样视为美的化身，这是一般人所无法进入的崇高境界。

作为一代科学大师，爱因斯坦丝毫没有忘记自己的社会责任感。两次世界大战使他的祖国千疮百孔。一瞬间，有人把它变成了疯狂的野兽，并把这种疯狂变成每个人心目中的枷锁。于是放火、杀戮，仿佛成为唯一正义的事业。整个祖国背叛了爱因斯坦。他为此陷入深深的苦闷与孤独之中。

他把他周围的知识分子当成自己的祖国，但他们并没有为自己保持一点操守。在一个为军国主义的暴行辩护的被称为《文明世界的宣言》上，在众多科学家中，只有包括爱因斯坦在内的 4 人为反暴行签了名。

在普鲁士科学院的会议厅里，爱因斯坦身边的两把椅子是空的，没有人敢靠近他。其实，他只是一个做实验的物理学家。但他却被作为一个危险分子，他的周围充满了敌意。他的祖国抛弃了他，他的周围的知识分子抛弃了他。就这样，他成了一个孤独者。

但比起那些死于汽油与火的犹太人，他毕竟还是幸运的，后来，他可以自由地在美国的土地上呼吸。

刚刚脱离了政治迫害，他便把全部的激情献给了政治斗争。他开始全身心地投入各种公开和秘密的反战运动，他召唤更多的人为和平而战。

1921年，爱因斯坦第二次获得了诺贝尔物理学奖，在此期间，他一如既往地保持着独自思考的性格。他在那里几乎与世隔绝。爱因斯坦对科学和事业的追求通过孤独表现出来。在那里，他才能找到自我，和他探索的宇宙融为一体。

孤独带给爱因斯坦无限的欢乐和宁静。他在孤独中获得一切，是别人所无法体验的。成名后，各种应酬、社会活动却接踵而至，令爱因斯坦非常头疼。他生性孤独，不愿花太多时间在其他方面。在美国生活的几十年中，爱因斯坦一直过着寂寞宁静的生活。如何战胜生活中的孤独，真正的孤独，往往产生于那些虽有肉体接触，却没有情感和思想交流的夫妇之间。

孤独有时候也有不好的一面，会让人心情变坏，每个人都有孤独的时候，但并非都能够战胜自己的孤独。

孤独，并不是独自生活，也不意味着就是独来独往。一个人独处，可能并不感到孤独；置身于大庭广众之间，却总是有孤独感产生与存在。

有一位心理学家认为，真正的孤独，往往产生于那些虽有肉体接触，却没有情感和思想交流的夫妇之间。事实上，不管你是已婚或是未婚，也不管你是置身于人群，或者是独居一室，只要你对周围的一切缺乏了解，和你身处的环境无法沟通，你就会体会到孤独的滋味。

战胜孤独的要诀何在呢？

1. 必须战胜自卑。因为自觉跟别人不一样，所以就不敢跟别人接触，这是自卑心理造成的一种孤独状态。这就跟作茧自缚一样，要冲出这层包围着你的黑暗，你必须首先咬破自卑心理织成的茧。其实，你大可不必为了自己跟别人不一样而忧思重重，人人都是既一样又不一样的。只要你自信一点，咬破自织的"茧"，你就会发现跟别人交往并不是太困难。

2. 经常与外界交流。独自生活并不意味着要与世隔绝。一个长年在山上工作的气象员说，他常常感到有必要把自己的思想告诉人家，可是他的身边却没有人可以倾诉，所以他就用写信来满足自己的这一要求，他从未觉得自己孤独过。

当你感觉特别孤独的时候，翻一翻你的通讯录，也许你可以给某位久未谋面的朋友写封信；或者给哪一个朋友打一个电话，约他去看一场电影；或者请几位朋友来吃一顿饭，你亲自下厨，炒上几个香喷喷的菜。这都别有一番情趣。

第八章　严谨理智者的成事法则

一个性格严谨的人总是力图永远保持自我控制的能力。这种能力显示出了真正的人格与决心，因为这种性格的人永远都不会输给自己！

事业关键词：严肃、正统与中规中矩

一个人唯有严谨理智，才能在竞争日益激烈的环境中站稳脚跟，发展自我，走向成功。

1967 年 6 门中东战争爆发后，东西方之间的海上门户苏伊士运河一度被关闭。日本和西方国家在中东购买的石油只好绕过好望角，经过长途跋涉后才能回到本国。这种情形导致对油船的需求大幅度增加，各航运公司纷纷大批购进油船，挤进石油运输行业，赢得巨额利润。于是石油运输业蜂拥而起，一时成为世界航运业的热门话题。

而在挪威的卑尔根，有一个年轻人却对此有着独特的看法。他就是后来曾任挪威船长协会董事长、被评为挪威 1977 年最佳企业的耶伯生船运公司的拥有人——阿特勒·耶伯生。他当时年方 31 岁，因其父亲去世刚刚接过父亲留下的一家小船运公司。这家公司只拥有 7 条船，与其他大船运公司比起来，力量极其弱小。阿特勒·耶伯生的父亲在世时，面对航运业经营油船的热潮，不甘心眼睁睁看着肥水流进外人田，也购进了 3 条油船，希望借此跻身于石油运输业，然后扩展其航运公司的力量。但油船的造价非常高，这 3 条油船花费了公司微薄资本的大部分，致使公司处于资金紧张、运转困难境地；同时面对一些庞大的运输公司，只有 3 条油船的小公司其实毫无竞争力。

年轻的耶伯生鉴于这种情况，在接管公司一年时就宣布卖掉油船，退出石油运输的竞争热潮。许多人对此大惑不解，还有一些人认为耶伯生年轻无知，不趁着大好时机狠赚一把，却退出竞争。

油船很快地就脱手了，利用卖 3 条油船的钱，耶伯生购进了几条散装船，这种散装船可以用来为大企业运输钢铁产品和其他各种散装原材料。以此为基础，他与一些大企业签订了运输钢铁产品和原材料的长期合同。

耶伯生曾解释说：作为一家小公司，虽然有在投机性的热潮中大赚一笔的机会，但是日后却无法逃脱经济衰退的致命打击。唯有放眼长远利益，放弃眼前小利，站稳脚跟，逐步发展壮大，才能在险象环生的航运业里立于不败之地。

不久，1973 年再次爆发中东战争。为抵制美国等西方国家对以色列的支持，阿拉伯产油国纷纷提高油价。油价猛涨，使许多石油消费国大幅度削减石油需求量。与此同时，北海和阿拉斯加石油的成功开采，也改变了原有的石油运输的路线。这两个原因使油轮的需求量锐减，给世界运输行业带来了根本的变化。许多石油运输船处于闲置状态，各大油船公司在新情况下进退维谷，一筹莫展。

而耶伯生这家曾经只拥有 7 条船的小公司，凭借其与那些工业部门签订的那些长期合同，运输散装货物，盈利稳步上升，不仅平安度过航运业的衰退时期，而且逐步积累起资本，使公司有了进一步的发展。

今天的耶伯生公司已是挪威最有名气的船运公司，在耶伯生的手中，掌握着总共 120 万吨位的 90 条商船的船队，还有在世界各地的众多投资。

同样，在美国 50 位总统中，阿伯拉罕·林肯（1861~1865 年在位）是唯一出身于贫民阶层的一位。这位深受美国人民怀念的总统可谓其貌不扬，他说："如果有人希望我描述一下自己的外表，那我可以直言奉告。我身高 6 英尺 6 英寸，体重 180 磅，肤色黝黑，骨瘦如柴，黑头发，灰眼睛。如此而已，别无其他引人注目之处。"

在入主白宫以前，林肯一直处于颠沛流离中，又加上其貌不扬，又一贯不修边幅，常穿着一双粗绒线的蓝袜子、一双大拖鞋，甚至连领带都不会打，当他初到白宫任职时，阁员中的阔佬没有一个瞧得起他。他们甚至要挟林肯老实地蹲在白宫的角落里。

财政部长齐斯对那位在宴会中不会点菜的老憨统治了白宫感到十分惊讶，

不时窥视着总统的职位。他不仅在背地里煽动别人对总统不满，还连续五次提出辞职来相要挟。虽然第五次林肯批准了他的辞呈，但是林肯始终认为他是一个有才干的人。林肯说："齐斯是一个很有才能的人，尽管他在背后愚蠢地反对我，但是我绝不愿铲除他。"齐斯辞去财政部长后，林肯量才而用，任命他为最高法院的首席法官。

陆军部长斯坦东同样瞧不起林肯总统。他曾声称："我不愿意同一个笨蛋、老憨、长臂猴为伍。"他冷嘲热讽地说："人们为什么要到非洲去寻找大猩猩，现在坐在白宫中抓耳挠腮决定命运的不就是吗？"林肯听后说："我决心牺牲一部分自尊，要派斯坦东任陆军部长。因为他绝对忠于国家，富有力量和知识，像发动机一样工作不息。"

有一次一位议员带着林肯的手令去给他下指示，斯坦东居然拍桌大叫："假如总统给你这样的命令，那么他就是一个浑人！"那位议员满以为林肯会因此把他撤职，可是，林肯听了汇报后却说："假如斯坦东认为我是一个浑人，那么我一定是了。因为他几乎一切都是对的。"事后斯坦东极为感动，马上到林肯跟前表达对林肯的歉意。

即便林肯当了总统后，那些富豪瞧不起他，总想给他一点难堪，甚至有人竟当众奚落他，想使他下不了台。有一天，道格拉斯见了林肯，便挖苦地问："林肯先生，我初次认识你的时候，你是一家杂货店的老板，站在一大堆杂物中卖雪茄和威士忌。真是个难得的酒店招待呀！"然而，林肯并没有发火，不以为意地说道："先生们，道格拉斯说得一点也不错，我确实开过一家杂货店，卖些棉花啦，蜡烛啦，雪茄什么的，也卖威士忌。我记得那时，道格拉斯是我最好的顾客了。多少次他站在柜台的那一头，我站在柜台的这一头，卖给他威士忌。不过，现在不同的是，我早已从柜台的这一头离开了，可是道格拉斯先生却依然坚守在柜台的那一头，不肯离去。"林肯这么一说，周围的人都哈哈大笑起来，称赞林肯说得好。而道格拉斯却涨红着脸，显得尴尬万状。他自讨了个没趣，便灰溜溜地走开了。

对群众的批评意见，即使是骂自己的话，只要是有道理的，林肯也听得下去。

有一次，林肯和儿子罗伯特驱车上街，遇到一队军队在街上通过。林肯随口问一位路人："这是什么？"林肯原想问是哪个州的兵团，但没有说清楚，那人却以为他不认识军队，便粗鲁地回答说："这是联邦的军队，你真是个他妈的大笨蛋。"林肯面对着一个普通路人对自己的斥责只说了声"谢谢"，毫无半点怒容。他关上车门后，严肃地对儿子说："有人在你面前向你说老实话，这是一种幸福。我的确是一个他妈的大笨蛋。"

1860 年，林肯作为共和党的候选人，参加了总统竞选。林肯的对手、民主党人道格拉斯是个大富翁。

大富翁道格拉斯洋洋得意地说："我要让林肯这个乡下佬闻闻我的贵族气味。"

林肯没有专车，他只能买票乘车。然而每到一站，朋友们会为他准备一辆耕田用的马车。他发表竞选演说道："有人写信问我有多少财产，我有一位妻子和三个儿子，都是无价之宝。此外，还租有一个办公室，室内有桌子一张，椅子三把，墙角还有大书架一个，架上的书值得每人一读。我本人既穷又瘦，脸蛋很长，不能发福。我实在没有什么可依靠的，唯一可依靠的就是你们。"

林肯的演讲是极其简短朴素的。这往往使那些滔滔不绝的讲演家很瞧不起。盖提斯堡战役后，决定为死难烈士举行盛大葬礼，安葬委员会发给总统一张普通的请柬。他们以为林肯是不会来的，但林肯答应来。

既然总统来，那一定要讲演的，但他们已经请了著名演说家艾佛瑞特来做这件事，因此，他们又给林肯写了信，说在艾佛瑞特演说完毕之后，他们希望他"随便讲几句话"。这是一个多大的侮辱，但林肯平静地接受了。在这两星期期间，他穿衣、刮脸、吃点心时也想着怎样演说。演说稿改了两三次，他仍不满意。到了葬礼的前一天晚上，还在做最后的修改，然后半夜找到他的同僚高声朗诵。

走进会场时，他默想着演说词。那位艾佛瑞特讲演了两个多小时，将近结束时，林肯不安地掏出旧式的眼镜，又一次看他的讲稿。他的演说开始了，一位记者支上三角架准备拍摄照片，等一切就绪的时候，林肯已走下讲台。这段时间只有两分钟，而掌声却持续了 10 分钟。后人给以极高评价的那份演说词，在今天译成中文，也不过 400 字。

因为理智，林肯成为了美国历史上最让人尊敬怀念的总统。

如何让严谨理智成为事业的基石

优秀的性格比有才气和博学都重要，许多人并不具备才智过人的学识，但他们能取得令人瞩目的成就，这一点往往超出常人的认识。那么理智型性格的优点主要表现在哪些方面呢？

一、有责任心，能明辨是非

理智型性格的人责任感较强，而且明辨是非，几乎能在所有的情况下保持清醒的头脑。因为他们注重思考，对事物的发展始终保持理性的判断，而且是非观念清晰。

二、处事不惊，有条不紊

因为理智型性格的人不易受感情因素干扰，不易激动、发怒，不仅平时保持心平气和，而且注重个人内在修养的发展，因此在变乱或大事来临之际，最能保持一颗平常之心，一般人很难从他们的表情中看出内心的想法。东晋宰相谢安在指挥淝水之战时，一边与人下棋，一边不时听取前方传来的战报，当时东晋只有 8 万人马，而前秦苻坚却号称"百万之众"。此战若败，东晋势必灭亡，与谢安下棋的人哪能沉得下心来，那人不时流露出焦急神色，但谢安镇定自若，棋路不乱。终于前方传来谢石、谢玄大败前秦的捷报。可见，谢安的自控能力绝非一般。

三、功成身退，明哲保身

理智型性格的人大都不喜欢争名夺利，成名获利之后，又不爱居功自傲，恃财欺人。他们深谙"谦受益，满招损"的道理，认为有福不可享尽，有势不可用尽，谨言慎行。理智型性格的人多是辅佐之才，即使登顶，有时也是情非得已、被推上领导者的位置上的。美国第一任总统华盛顿就是一例，在特定的历史条件下，20岁的华盛顿担任了弗吉尼亚民团指挥官，43岁荣膺大陆军总司令，尤其是在1781年的约克敦大战的胜利，使华盛顿一跃而成为各州拥戴的对象。有军方人士乘机进言，敦促华盛顿登上国王宝座。要王冠，还是要民主共和，是摆在华盛顿面前的两个选择，是选择一己私利，还是选择万民福祉。理智的华盛顿选择了后者。他功成身退，向大陆会议奉还总司令的职权，随后返回乡下的老家。主持起草美国《独立宣言》的杰斐逊评价说："一个伟人的节制与美德，终于使渴盼建立的自由免于像其他革命那样遭致扼杀。"

华盛顿归隐数年后，1789年1月，他以无可争议的全票当选为首任总统。面对如此荣耀的冠冕，华盛顿丝毫也没有表现得兴高采烈，踌躇满志。相反，当他离开庄园去纽约赴任时竟然发出"犹如罪犯走向刑场"的感叹。他认为："民众的热情是如此空前高涨，合众国的前途又是如此变幻莫测，假使自己的尝试失败，势将成为历史的罪人。"理智的性格使他小心翼翼，每迈一步都如临深渊，如履薄冰。

四年任期结束后，华盛顿打算急流勇退，谁料选民们不答应，1792年，他又以全票当选为第二任总统。美国宪法规定当选总统任期四年，准予连选连任，没有上限。鉴于华盛顿的彪炳业绩和崇高威望，世人普遍认为他会终身连任。但他选择主动卸任，让位于亚当斯，为政坛民主更迭树立了良好的先例，从此连任止于两届（罗斯福任四届是基于第二次世界大战的特殊背景）。华盛顿可以说是理智性格达到最为完美的人物，就在弥留之际他还要求仅合乎常礼的安葬，而且仅仅要故乡弗农山庄的一抔黄土、一座契合他淳朴风格的陵墓。

理智的性格不仅使华盛顿赢得了世界人民的敬仰，也可说其性格得到完美的展示。在中国如汉代萧何、明代刘伯温、清代曾国藩等在其理智性格支配下，不仅功成身退得了盛誉，也令帝王放心了，从而达到明哲保身的目的。

四、理智创业，积少成多

那些具有理智型性格的人总是凭理智获得合法的财富，而且其拥有财富的时间也是长久的。他们无论干什么，都是一步一个脚印地往前走，这样虽然不会一夜暴富，但也稳扎稳打，日积月累，便成为巨富。东北著名企业家韩伟就是这种性格的典型代表。他从一个小小养鸡专业户起步，经过近30年的奋斗，现在的韩伟集团已有3亿元人民币的资本，作为董事长，他占有其中的67%的股份，而且集团仍以畜牧业为主。这一切的发展结果其实都是和韩伟的办事理智、判断力准确以及较强的责任感分不开的。

理智型性格的人还有很多优点，如戒骄戒躁，常思己过，奋发自新等等，总的来说，理智型性格是一种正面的、积极的性格，但任何一种性格又都不是绝对完美的，一旦超越一个度，便起到了副作用，成为性格中的弱点。

五、保持严谨的性格

一个性格严谨的人总是力图永远保持自我控制的能力。这种能力显示出了真正的人格与心力，因为有大胸襟的人不会轻易受情绪所制约。激情是心灵生出的古怪念头，稍稍过量便会使我们的判断处于病态。如果此病传染至口边，难免会殃及你的声名。你要完全彻底地把握好你自己，要做到不论处于大顺之时还是处于大逆之际，都不会有人批评你，说你情绪不稳定。让大家都钦佩你卓越非凡的自控能力。

六、忙里须偷闲

勤奋能加快实现才智。但傻瓜才喜欢速决：他们不顾障碍，行事鲁莽。智者常常由于遇事犹豫不决而失败。愚人干什么事都急匆匆的，智者干什么事都有条不紊。有时候事情尽管判断得对，但却因为疏忽或办事缺乏效率而出差错。常备不懈是幸运之母。该办的事立刻办，绝不拖到第二天，这极为重要。有句话说得极妙："忙里须偷闲，缓中须带急。"

七、胆气相照才英雄

即便是兔子也敢摸死狮子的胡须。所谓勇气和爱情之类的东西一样，绝非开玩笑的事情。只要屈服过一遭，就会一而再、再而三地屈服下去。既然同样的困难以后反正都得加以克服，倒不如趁早解决的好。人们总是在思想上要比在行动上勇敢一些。对于刀剑亦应如此处理：谨慎地将之插入刀鞘，伺机取用。这是你的自卫武器。虚弱的精神比虚弱的肢体更具有危害性。许多人恰恰缺乏这种活力，他们看起来死气沉沉，总是被一种萎靡不振的气氛所包围。冥冥之中自有绝妙的安排：让蜂蜜和蜂刺交相为用。你身上有胆气亦有骨气：不要让你成了软骨头。

八、要知道如何等待

一个知道如何等待的人，必具有深沉的耐力和宽广的胸怀。行事绝不会过分仓促，也不会受情绪左右。能制己者方能制人。在到达机会的中心地带之前，不妨先在时光的太空中漫游一番。明智的踌躇不定可使成功更牢靠，使理想之树能最后开花结果。时光的拐杖比大力士赫克琉斯(古希腊传说中的大力士)的铁棒还要管用。上帝惩罚人不是用钢铁般的手，而是用拖拖拉拉的腿(意谓不是不报，时候未到)。俗话说得好："只要给我时间，我一个顶俩。"(亦有"留得青山在，不怕没柴烧"的意思。)命运会对有耐心等待的人给予双倍的奖赏。

九、天降大任于大气度者

性格严谨者的身躯应该有大的胸襟。才大者其组成部分亦必大。如果你有最好的运气，就不要只满足于享受一般的好运气。有些东西有人吃得饱，另外的人吃了却感到饿。有人因为没有胃口而浪费精美的食物：对于高位显爵，他们生来就不适应，即使后来学也学不会去适应。一种虚假的荣誉蒙蔽了他们的头脑，最后使他们失去了荣誉。他们在高位上头晕目眩，有了好运却往往心迷神乱，因为他们的胸襟里压根儿就没有搁好运的地方。是伟人就应该显示出对于好运总有来者不拒的雅量，并能小心地避免一切有可能使他显得胸襟狭隘的东西。

十、自傲是成大事者的大忌

自傲总是令人讨厌，而身居高位洋洋自得则更令人讨厌。你不要摆出一副"伟人"架子——这是很令人讨厌的，也不要因为有人羡慕而不可一世。你越是挖空心思地想得到别人的崇拜，你越不能得到它。尊重取决于你值不值得别人尊重。你想靠巧取豪夺是难以达到目的的，人得名副其实，且有耐心等待它才成。重要的职位要求你具备相应的威仪和礼仪风采。一个人只需具备职位要求他具备的东西和你用以完成他的职责的东西。不要把什么都做得不留余地，应该一切顺其自然。那些显得特别具有苦干精神的人反倒给人以能力不强，难以胜任其工作的感觉。如果你想要成功，要凭你的禀赋，而不是凭你的华而不实的外表。即便是一个国王，他之所以受到尊敬，也应该是由于他本人就当之无愧，而非由于他那些堂而皇之的排场及其他相关因素。

十一、善于随机应变

你不要总是对自己不满意，这是胆小怕事的表现；也不要自满自得，这是愚蠢的表现。过分的自我感觉良好实际上是一种无知，它虽能有导致傻瓜般的幸福感，让人得一时之快，但实际上常常有损于一个人的名声。你不能鉴定出别人的完美程度，所以总陶醉于自己的平庸。自我警告总是有用的，既能帮助事情进展顺利，也能在事情进展不顺利时让我们感到慰藉。如果你对挫折早怀有一定恐惧之心，则挫折来临时，你反倒有恃无恐。荷马也有打瞌睡的时候，亚历山大则因失败而从自我欺骗中警醒过来。事情要依环境而定，有时环境助你，有时环境害你。然而，对于一个无可奈何的傻瓜，最空虚的满足也如鲜花一样美好，并可以继续播撒出许多满足的种子。

严谨理智者的做事禁忌

保持谨慎的心态就是绝不忽视一些细枝末节，因为这有可能就是使你陷入困境的开始。只有处理好小的细节，才能使大的方面成功。

谨慎的心态能决定一个人是否在幸福或苦难中度过一生。每个人都拥有合理使用谨慎心态的权利，每个人都有权利去开采它，为一切正当目的去应用它，不用花钱，也不需付出什么代价。

但是，如果你不会合理开采和利用你的谨慎心态，那么你可能就要付出代价。所以，适当调节和把握一下你的谨慎心态，你的一生就会与众不同。

一、适当谨慎可令你避免陷入困境

陷入困境的原因很多，然而大多是主观方面的不谨慎造成的。如果一个人时时保持一颗警醒的心，用眼睛观察，用耳朵分辨，用大脑思考，那么他就能远离困境。

千里之堤，溃于蚁穴；九层之台，起于垒土。保持谨慎的心态就是绝不忽视一些细枝末节，因为这有可能就是使你陷入困境的开始。只有处理好小的细节，才能使大的方面成功。

周恩来总理一生谨慎，办事从不忽视细小之处，因此他很少在处理问题上陷于被动。在重庆谈判期间，由于国民党特务对中共代表团实行严密的监视，会见党外人士多有不便，如果稍有不慎，就会被国民党抓住机会说事，将会使共产党陷于谈判困境。周恩来选择民主人士郭沫若的寓所会见党外朋友，他亲自拟订客人名单，让秘书发请柬，结果秘书忘了给一位朋友发去，时间到了，这位朋友没有到，这才发现出了纰漏。

周恩来严厉地批评了那位秘书，说："一个人向隅，举座为之不欢，我们是无意的疏忽，可别人却可能认为是有意的怠慢。千万不能忽视这些小节，我们要设身处地地为他人着想。"

周恩来谨慎行事，终于没能使工作陷于被动，许多民主人士也因共产党的诚意和胸怀而折服。周恩来一生历经无数次大大小小的谈判，正是由于谨慎，几乎从未使己方在谈判中陷于困境。建国后周恩来长期担任国务院总理兼外交部长，事务之繁，日理万机，在外交工作中他常说的一句话就是：外交无小事。凡来访的外宾，他都要对其衣食住行、生活习俗、宗教禁忌、兴趣爱好等做尽可能的掌握和了解，力求尽东道主之宜。周恩来的谨慎心态是一贯的，也是他外交成功的关键所在。

如你时时保持谨慎的心，就能让你少犯错误，少犯错误你便远离困境，时时能将主动掌握在自己手中，从而一步一步地迈向成功。

二、谨慎不是恐惧

如果把你的谨慎心态，理解为恐惧心理，那么你只能是一事无成。

谨慎的心态要求是少犯错误，而不是害怕错误；恐惧的性格只是害怕错误而不去做任何事。

谨慎的心态是去做有把握，但不一定是100%能搞定的事情；恐惧的心态只是愿意做那些被别人反复做过、自己完全能理解或亲眼见过的事情。

你必须知道，再谨慎的人也会有说"本来可以"的时候，如果觉得自己可能犯错，那么不妨就大方地错一次，别怕错得离谱——谨慎的心态不可能使你再犯第二次这样的错误。

三、谨慎更不是犹豫不决

假如一个人想成功，成就一番事业，他在保持谨慎性格的同时，必须养成坚毅和决断的能力，否则他的谨慎只能使他变得畏缩不前，事业也将一无所成。

世间最可怜的人，是那些举棋不定、犹豫不决、不知所措的人，是那些只知小心而没有主见、不能抉择的人。这种主意不定、意志不坚的人，难以得到别人的信任，也无法使自己的事业成功。

一个优柔寡断的人，总是不敢决定每件事，他们只是考虑结果是好还是坏，是凶还是吉。他们考虑得也很多，怀疑得也很多，就是拿不定主意，因为寡断，总是错过了许多机会，一生也未能成功。站在河边担心鞋子会湿的人，永远也不可能渡过河去。

真正的谨慎是除了具有小心的心理之外，还必须有决断的勇气，即使犯了小错误，也不会给事业带来致命的打击，因为他们对事业的推进，远远比那些胆小狐疑的人敏捷得多。

要成就大业，谨慎的性格加上胸有成竹的决断，不为感情意气所动，也不为反对意见所阻，那么就可以说性格成就一切了。

四、谨慎是成功后的清醒剂

保持清醒并不难，最难的是能时时刻刻保持清醒。尤其是当一个人取得成功之后，居功自傲、踌躇满志之态便不可避免地表露出来。他不知世间多少嫉贤妒能的人，最不希望看到的就是别人比自己强，这些人成事不足，败别人的事的能力却绰绰有余。于是你的自傲便毁了你的成功。

谨慎的性格要求人成功之后不动声色，甚至功成身退。成功并不是表现出来的，而是努力干出来的，成名也不是自己吹出来的，是靠勤奋加才能得来的。

谨慎的性格使人始终保持清醒的认识，知道自己所处的位置，不说过头话，不做过头的事。树大尚且招风，何况人乎？

五、谨慎是治疗失败的良药

虽说保持谨慎很少失败，但失败仍不可避免地找到你。"智者千虑，必有一失"。不必为失败而后悔不已，既然已经失败了，那么就把这次失败当作下次成功的种子，现在需要的是用反思来浇灌，而不是用后悔来助长。

谨慎是治疗失败的良药，它能使失败的伤口很快地愈合，它能使产生失败的病毒彻底消灭。谨慎不是害怕，你越是害怕失败，失败越是找上门来，所以不妨大方地失败一次，继续保持谨慎的心态，有了这味良药，同样的病便不会犯第二次。

六、过度理智就是胆怯

人性中的理性和感性是判断事物的两大基本因素。此消彼长，过分地理智，就会失去情感带来的乐趣。

过度理智谨慎，便有些不近人情。人性中的理性和感性是判断事物的两大基本因素。此消彼长，过分地理智，就会失去情感带来的乐趣。

七、不敢冒险，前进缓慢

一个过度理智谨慎的人，不愿犯一丁点儿的错误。每次前进，每笔投资都会权衡良久，虽然有时能判断出绝好良机，但又不愿承担风险，因此，他实际上得到的机会并不是很多。谨小慎微不敢迈大步，虽说聚少成多，毕竟耗时太长，即便最终成功，也比敢于冒险者逊色很多。

在中国近代史上，晋商曾与徽商齐名，但最终却没有徽商影响深远，尤其是在江浙及东南亚一带，甚至没出过类似胡雪岩那样的"红顶商人"，虽然最后胡雪岩断送于自己的盲目自信上，但也曾叱咤商海几十年，在中国经济领域产生过重大影响。而晋商大都带有长期的农业经济思想，理智却不愿冒险，一挣大钱除了开钱庄、商号，便回山西老家投资老宅，除了留下王家大院、乔家大院等建筑，对近代经济、文化的影响远远比不上徽商深远。

八、极端理智，不近人情

也许过度理智的人有可能在某一方面成功，但绝对算不上成功人物，因为过度的理性会削弱性格的感情因素，情感相对粗糙，有时候的表现几乎不近人情。更有甚者，为了所谓的成功，竟全然不顾家庭的亲情，而朋友也仅仅是利益上的朋友，理智使他们不愿做出任何牺牲，必要时可以不要家庭，不要朋友。但他们并不做违反法律的事情，以他们理性的头脑，至多在法律和道德之间打个擦边球。在很多人眼中他们是事业的成功者，在家人眼中却全然两样。

九、做自己的主人

你能够利用自己的力量获得快乐和幸福吗？或者你必须要依靠某人或某物才能获得快乐？你对伴侣、父母或职业有依赖性吗？

弃绝对他人的情感依赖吧！因为那是不健康的，只有不依赖他人，你才能独立自主地思考和做决定。你可以有很多朋友，但是不要被他们所支配左右。

　　在充满依赖性的关系中，很多人通常会觉得负有不可推卸的责任和义务去做那些他们并不情愿去做的事。这种关系无论在未婚情侣或已婚夫妻的关系中都很常见。然而，每个人都应该无条件地给爱人以自由，不要用自己的期盼或要求来使对方感到压力。

　　在大量的亲密关系中，一方支配控制另一方的情况随处可见。占支配地位的人通常拥有更高的收入，他们以此将低收入的一方置于服从的被支配地位。

　　性格是造成依赖性关系的一个重要因素。性格外向的人通常支配着性格内敛的一方。通常是由占优势地位的支配方做一切决定，事无巨细。

　　随着时间的推移，在关系中处于劣势的被支配方只能变得更加依赖对方。由于他们没有机会共同参与对事情的决定，他们的自信心会日益萎缩恶化。天长日久，他们会相信自己真的是不具备为自己的事情做决定的能力，因此如果不与伴侣共同处理一些问题，自己是永远不可能获得丝毫成功的。

　　被支配者的生活往往以另一方为重心，他们以对方的喜怒哀乐、情绪变化为自己生活的依归，从而忽略了自己真实的感受。当自己实际上很悲伤的时候，他们却会以为自己很快乐。他们会为此渐渐失去自己独立性。

　　有依赖性的亲密关系最终会发展成两种结果：一是被支配者决定放弃自己的独立人格，从此他们完全为另一方而活着；二是被支配者也会感觉到被这种关系所束缚限制，而决定进行一些改变。但是支配方却不希望给他们自由和独立，因此将导致双方激烈的冲突。结局常常是以双方的分手而告终。

　　除了以上两种常见情况外，还可能发生第三种富戏剧性的结局。在一些个案中，支配方对伴侣渴望独立的要求表示支持，并且还真诚地帮助他们去实现独立。如果双方都能从这一过程中学会如何与对方平等相处，他们的关系便能得以健康地发展下去。

　　你是否发现自己具有以上所提到的被支配者的某些行为呢？你是否害怕一旦亲密关系结束后，你能否很好地独立生活？你打算去什么地方、花多少钱是否都要事先征询伴侣的意见呢？你是否被一份并不喜欢的工作搞得疲惫不堪，然而却始终没有辞职呢？你对伴侣是否怀有抵触情绪？

倘若你的伴侣对你蛮横无礼，你是否只是听之任之，而不予以纠正提示？你的大部分决定是否都是伴侣为你决定的？在社交场合，你是否总是依偎在伴侣身边寸步不离？你是否总是应该努力取悦他人而没有考虑自己的快乐？如果你与伴侣都希望与对方分开一阵，是谁常常能说到做到？

如果要想获得独立，你必须坚信自己的能力，因为你不是任何人的奴仆。这是你的人生，你应该按照自己选择的方式去生活。

不要允许伴侣利用负罪感来影响你。在亲密关系中，这种行为是幼稚可笑、深具破坏性的。不要为自己的正当要求感到内疚，你本来就应该拥有更好的东西。

选择你渴望的人生，也允许你的伴侣去选择他的人生道路。你们会因此更融洽和谐。然而，如果你们的关系仍未得以改善，那么你可能需要重新审视你们之间的关系。你们应该这样去生活：做你渴望做的一切事，努力成为理想中的自我，并期望从伴侣那里得到温暖有力的支持。

你可以生活在屈服中，也可以选择自由的生活。而不愿给你自由的伴侣不是真正适合你的伴侣。

依赖会带给你暂时的心理上的幸福和安全感。你可能会感受到被对方保护的甜蜜，以及不用承担责任的轻松惬意。但是，你也会因此变得事事被动，惮于冒险。如果你想变成这样，那么就选择依赖吧。

假如你希望过一种兴奋刺激、真正快乐幸福的圆满人生，那就必须选择独立。告诉你的伴侣你需要自我管理，需要自我决定有关自己的一切。

对于那些试图支配你的人表达你想独立的愿望。不要让他们控制操纵你。你不要因为感到有义务或责任而去做任何事，除非是你心甘情愿。

从现在开始为自己探索新的行为方式，结交新的朋友。如果你希望做某件事而你的伴侣不愿意你去做，那就独自去完成或是邀约一个同意你这样做的朋友一起做。如果你想拥有财务上的独立自主，那么就要学会协调安排自己的收入支出。从今天起，你做一个坚强自立的人，自己决定自己的一切。

第九章　叛逆果敢者的成事法则

　　叛逆果敢性格的人是激进、永不服输的人，这样的人敢于向自己的生存环境大声宣战。但需要注意的是：一个人要有勇敢精神，但不是盲目冒险！

事业关键词：激进、独立与创意性

在人们的性格中，有一种非常典型和鲜明的性格，它就是叛逆果敢的性格。

叛逆型性格的特征是激进、叛逆和永不屈服。具有这种性格的人，智勇双全，果敢激进，从不逆来顺受，敢于同世俗进行赤裸裸甚至血淋淋的斗争。他们的反抗，不是婉转迂回，曲径通幽，而是"不是你死，即是我亡"的鲜明对立。他们会公然宣示自己对于社会的不满和愤慨，他们无所畏惧地向自己的生存环境大声宣战。

纵观古今中外，具有反叛型性格的人无一例外有两种命运：成为成功的英雄或失败的勇士。成功的英雄头顶幸福的花冠，失败的勇士聆听悲壮的挽歌。

许广平：鲁迅的助手、妻子和学生。

许广平是五四时期的新女性，时代赋予了她叛逆的性格，她以极大的勇气，在鲁迅最艰难的时候，携起他的双手，与他共同走向新生活。学生、助手、妻子，构成了许广平叛逆性格的清晰轨迹。而最终影响她命运的还是她叛逆的性格，这种性格令她的命运在那个昏天黑地的年代更有价值，更有意义。

大家都知道鲁迅骨子里流的血都是"激进的""叛逆的"。其实，在他身边有一位女性也同样有着鲜明的叛逆性格，她就是五四时期的女杰——许广平，她是鲁迅的夫人。如此二人可谓夫唱妇随。

许广平从小就有着强烈的反抗意识。在她18岁时爆发了辛亥革命，她关心国家的兴亡，经常找来一些宣传资产阶级革命的报纸、刊物，专心致志地阅读，有时竟顾不上吃饭、睡觉。这些读物上讲的革命道理使她深深受触动，她带头不穿绸子衣服，不戴耳环，以此来表示她反对封建礼教的决心。

许广平的叛逆性格越来越鲜明了，越来越突出了，走到哪里，就把反抗斗争意识带到哪里。五四运动爆发时，她正在天津直隶第一女子师范学校预科班读书，当时她所在学校的学生为了支持北京这场反帝反封建的爱国运动，联合天津其他几所女校的学生组织成立了"天津女界爱国同志会"，她成为其中的骨干。在天津女界爱国同志会，她积极从事编辑会刊、讲演宣传、抵制日货等活动。她们编辑的天津女界同志会的会刊《醒世周刊》具有很强的战斗力，在北京、天津、上海、山东等地销售，受到社会各界的欢迎，对爱国运动和妇女运动起了促进作用。她还和同学们挨家挨户进行反帝反封建的革命宣传，并且参加了抵制日货的各种活动。警方发现后派军队前来镇压，在她们与警察发生冲突后，她和同学们一起勇敢地冲出包围，返回学校，接着又与校方开除200多名学生学籍的做法进行了斗争，并取得了胜利。叛逆的性格已使许广平和这个社会格格不入。于是她公开向学校、社会发起了反抗。

1921年她以优异的成绩考入国立北京女子高等师范学校。在这里她有幸受教于鲁迅先生，从此开始了与鲁迅的友情，在以后的斗争中得到了鲁迅的指点帮助。1924年反动校长杨荫榆强迫三个因交通被阻、未能如期到校的学生退学，这引起全校学生的公愤。许广平站在这次学潮的前列，领导了这场斗争，校长贴出布告将她和另外五个学生开除，她没有被压服，以学生会总干事的身份继续带领学生进行斗争。她们不允许杨荫榆再进学校大门。北洋军阀为了制止这次风潮，由教育部教育司司长出面，派人武装占领了女师大。在这危急时刻，鲁迅挺身而出保护了刘和珍、许广平等人。

叛逆的性格，使许广平不可能成为"规矩的学生"，这次事件刚过，新的反叛高潮又来了。

"三一八惨案"发生，许广平、鲁迅先后南下去了广州和厦门，她出任广东省第一女子师范学校教师，鲁迅被聘为厦门大学中文系教师。次年春，广东发生了反革命政变，国民党反动势力到处捕杀共产党人和革命群众，鲁迅毅然辞去国民党政府给予他在中山大学的一切职务，许广平也坚定地与鲁迅站在一起，给鲁迅以极大的支持。鲁迅多次在广州文化界进行演讲，许广平始终跟着鲁迅做翻译。7月，国民党在广州市教育局举办广州首期学术演讲会，他们想利用鲁迅在知识界中的威信来蒙蔽一批人，同时也想借机会抓住鲁迅倾向共产党的证据。许广平在演讲会上配合鲁迅讲了《魏晋风度及文章与药及酒之关系》，用历史故事含沙射影抨击国民党右派无故屠杀共产党人和革命群众的血腥罪行。鲁迅和许广平配合默契，使演讲不断出现高潮，赢得知识界的热烈拥护，反动派恨得咬牙切齿，但又抓不住任何证据，只能作罢。

大革命失败后，许广平和鲁迅看到中国共产党人从地上爬起来，揩干净身上的血迹继续投入战斗的情景，深为感动。他们毅然离开了反动气焰嚣张的广东，奔向中国共产党的诞生地上海。在上海，他们建立了自己的家庭，从此鲁迅全身心地投入了文学创作，许广平也在文化界奔忙。她和女师大校友办了《革命的妇女》杂志，并亲自在杂志上发表文章，把矛头指向蒋介石。她指出，国民党右派结党营私、相互勾结，专门进行反共勾当，而自己却升官发财；她对广大妇女的悲惨生活也给予了披露，指出女工是"人间最黑暗地狱的囚徒"。

1936年，鲁迅由于长年的紧张工作及工作环境的恶劣，得了气喘病，鲁迅在病情越来越重的情况下仍不肯放下笔。许广平除了仔细照顾鲁迅的生活外，每天还要替鲁迅会客、处理书信等十分辛苦。1936年10月19日凌晨鲁迅病逝，许广平的心几乎破碎，天天以泪洗面，但是她并没有消沉，而是强忍悲痛坚强地走出来。

为了坚持鲁迅的革命立场，传播鲁迅的革命精神，她坚持参加斗争。在抗日战争和解放战争中，她"横眉冷对千夫指，俯首甘为孺子牛"。

1941年上海沦陷时，日寇抄走了鲁迅的部分手稿，抓走了许广平。在狱中她受尽了折磨，可她临危不惧，用鲁迅的"牺牲自己，保全别人；牺牲个人，保存团体"精神进行斗争。敌人采用了惨无人道的"电刑"，她几次被折磨得昏厥，醒过来后，仍咬牙坚持，至死不出卖革命同志和朋友。

鲁迅逝世后，她积极着手收集鲁迅的书信、编辑鲁迅的杂文。经过她和100多名专家、学者、文化界人士及工人们的努力，20册的《鲁迅全集》终于问世。1946年10月，许广平来到北平鲁迅故居，开始整理鲁迅在北平故居的藏书，保护鲁迅故居的文物和书稿等。在周作人准备出售鲁迅的藏书时，她挺身而出，声明不承认其私自出售遗产的事实，并用高价买回全部书籍。

新中国成立后，党和政府十分关心重视纪念鲁迅、研究鲁迅的工作。许广平把鲁迅故居中的全部遗物都捐献给了国家。1951年10月，她为降低鲁迅作品的售价，使更多的人能读到鲁迅的书，又将鲁迅著作的出版权和全部版税上交国家新闻出版署，自己分文不取。1959年，许广平又开始了《鲁迅回忆录》的写作，在回忆录中，她写了鲁迅从五四运动前后到逝世的20年的生活经历、文学创作和教育活动。每每回忆鲁迅，都会引起她深深的怀念与敬意，泪水打湿了双眼，她仍然顽强地写，在她看来只有这样才能让更多的人了解和学习鲁迅的精神，只有这样才能全面地呈现鲁迅一生对事业的执着和不畏强暴的献身精神。

叛逆个性不是被环境吞噬，就是战胜环境成为胜利者，许广平是后者。大环境决定小环境，大命运决定小命运，许广平对社会、婚姻所表现出的叛逆，是她对信仰的追求，对命运的抗争，并且最终成功了，是个性促使她抗争，是抗争使她成功，并对社会作出了积极有益的贡献，她的一生是奋斗的一生，是勇敢的一生，是叛逆而有为的一生。

如何让叛逆果敢成为事业的基石

人们都很欣赏和钦佩那些想了就做、敢作敢当、雷厉风行的人，也羡慕那些敢于打破传统、突破常规、有新想法、新思维的人。这种人是人们心目中的英雄，也是各行各业中的佼佼者。

这样的人都是果敢型性格的人，有这样的性格会给他自己带来哪些好处呢？

一、善于把握住成熟的时机

对于一件事情，时机有成熟不成熟之分。所谓成熟的时机，就是为完成一件事情已经具备了的天时、地利、人和的条件，是成功地完成这一件事的充分必要时机。不成熟的时机，是为完成一件事情的天时、地利、人和三者缺一，或三者缺二，或三者皆不具备，也就是成功地完成这一事情的充分必要时机尚不具备或不完全具备的状态。

做一件事情，如果时机成熟，那不只是一个人两个人能看到的，而是许多人都能看到的，大家一拥而上，就会出现僧多粥少的局面。

而敢为的人，总是善于抓住不成熟的时机。在机会不成熟的时候，他会先行一步，赢得主动，占据有利位置。只要时机成熟，就会先发制人，赢得全局。

敢为的人，总是做人无我有、人有我精的事情。这样会减少竞争，不会被动，永远领先于他人。

二、能突破环境与条件的局限

环境对人的影响是非常巨大的，尤其是历史条件、社会背景和意识形态所构成的大环境，对一个人的制约与影响是很难估计的。这些制约与影响有许多是负面和消极的，更是不健康的。尽管这样，这些一旦成为人们公认的行为法则，就会对人构成无形的樊篱或障碍，给人的心态和行为带来不必要的麻烦。

敢为的人总是敢于打破常规，能够跳出传统的局限。他们不委曲求全，自我屈从，做一些除了浪费生命以外都是毫无意义的事情。他们知道什么是自己必须要做的，也知道自己想要做什么，更明白自己应该做什么。

敢为的人不受陈旧条条框框的制约，走自己想走的路，做自己想做的事情。这样的人永远向前，紧紧扣住时代的脉搏，成为时代的弄潮儿，成为独领风骚的人物。

韩国现代集团在中国可以说妇孺皆知。目前，现代集团拥有 40 余家大公司，20 万名员工，总资产超过 1000 亿美元。作为现代集团的掌舵者郑周永，是亚洲最富有的企业家之一。

郑周永能取得这样大的成绩，能成为名副其实的成功者，起决定作用的就是他的果断性格。

1915 年 11 月 25 日，郑周永出生于朝鲜半岛江原道通川郡田面峨村的一个世代务农的贫苦家庭中。少年时代的郑周永在通郡松田公立小学读书。尽管家里穷，郑周永还是在忍饥受冻的情况下读完小学。还是因为贫困，他不得不中断求学之路，和家里人一起务农干活。

但是在家里拼死拼活地劳作，是没有任何出路的。郑周永也不甘于一辈子这样受穷，他希望有朝一日能走出这贫穷落后的乡村，希望能因此而摆脱这种朝不保夕的贫困生活。因此，他想离开这令人绝望的穷山恶水。

郑周永不能说走就走的，阻止他的不仅仅是脚下的穷山恶水，还有更难以摆脱的世俗——在韩国的一般家庭中，犹如在中国传统的家庭一样，长子往往被看作是支撑门户的老大，他除了要做出应有的贡献和牺牲外，还有一个永恒的义务——为父母养老送终，抚养弟妹。

郑周永的敢为型性格决定了他不会畏惧。

在巨大压力下他勇于挑战世俗，宁可当逆子也不愿服从于命运。他三次出逃，三次被保守而又严厉的父亲抓了回去。直到 1934 年，村里遇到百年的大旱，加上瘟疫的流行，使得父亲再也不能坚持传统的规矩而阻拦儿子走出山沟儿了。

没有文化、没有金钱，只有敢为型性格的郑周永只能在糊口谋生的基础上开始创业的。经过 40 年的艰苦创业，郑周永从身无分文的流浪汉成为现代集团的总裁。

如果郑周永不想做，也不敢做，他的名字永远也不会排进美国《福布斯》杂志之中。

三、能迅速挖掘到第一桶金

对白手起家的人来说，如果从身无分文到拥有10万元，需要10年时间；从10万元到拥有100万元，也许有5年的时间就足够了；从100万元到1000万元，也许用不了3年。

没有谁不想发财，发大财，但发财可不是一件容易的事情，特别是你没有第一桶金，也就是你没有开始的10万元钱。想发大财，但没有特殊才艺，如做演员、明星等，只有做生意搞投资。如果没有原始资金，还谈什么投资？

一个成功的商人，肯定是在短时间内完成他的原始资金积累。如果他完不成原始资金的积累，还奢谈什么投资？原始资金的来源有以下几种：一是父母给的；二是借贷的；三是自己赚的。

如果不是敢为型性格的人，谁敢把父母的血汗钱作为投资，谁敢向人借贷，谁敢把自己的积蓄作为投资？因为投资是有风险的，稍有不慎，就会让投入的资金血本无归。

敢为型性格的人即使他只有10元钱，也会做10元钱的投资，有100元就做100元的投资。也就是说，敢为型性格的人能迅速得到第一桶金。有了第一桶，就会有第二桶。

有甲乙两人，他们两人大学毕业来京都在一家文化教育公司做编辑。甲的文字功底好，头脑灵活，深受老板的赏识；乙工作也很努力，和老板的关系也不错。

两人都很能干，老板把他们当作左右手，许以高薪。两年之间他们都挣了5万元。

他们都想在北京拥有自己的房子，可是北京的房子贵，谁也买不起。乙就劝甲，要二人把钱集中起来，搞图书发行，说不定一年之间就能赚回两座房子。

搞图书发行是有很高的利润，曾有过一本书创造千万富翁的神话。可是，高利润必然伴随高风险。有可能把10万元投进去，只会换来一大堆8角钱一公斤的废纸。

甲犹豫再三，不愿意干，因为他手中的 5 万元，是他来北京以后，没黑没白加班加点用血汗换来的。他不想做别的，因为他满意于现在 20 叻元的月薪。在众多的打工仔中，他也算得上比上不足比下有余了。

乙最后决定自己干。当然，他的 5 万元用来搞图书如杯水车薪。乙便回家又向亲戚朋友借了 5 万元，把 10 万元全部投了进去。图书发行出去以后，乙除了欠别人 5 万元债以外，已经身无分文了，只能靠吃方便面度日。甲看到乙这样，暗自庆幸自己没有和乙一起做，否则自己也会由 5 万元的持有者一下子变成乞丐。但三个月以后，乙的图书发行量到了 10 万册，净赚利润达 50 万元。仅仅四个月，乙就把他的 5 万元变成了 50 万元。而甲的账号上，仅仅为 5.5 万元。

有了 50 万元的原始资金，乙开始办起了自己的文化公司。三年之内，自己不仅有了别墅、汽车，而且还有了几百万元的存款。而甲却一直为别人打工，朝九晚五地挤公共汽车，三年后才凑够买房的首付款。

甲乙二人同时起步，同样拥有 5 万元，三年后却有不同的命运。若论聪明才智，甲甚至比乙强，就是因为甲不敢为的性格和乙敢为的性格，使他们的第一桶金发生了变化。

乙的资金迅速积累，为他以后有大的作为奠定了基础，很快就实现了自己的目标。而甲由于性格上的缺陷，恐怕就是忙一辈子也只能实现人生的第一个目标。

四、无畏者无惧

一个人必须冷静沉着地面对不幸和逆境，从中吸取教训，积极努力地寻求改善人生的机会。

其实生活蕴含了无数种可能性，当你意识到这一点，你就能到达一个崭新的境界，一个无限风光的全新人类经验世界将在你面前豁然洞开。所有你以前从未设想过，甚至从不敢奢望的东西都将出乎意料地得到。所有现在困扰着你、令你心力交瘁的限制和束缚都将不值一提。一旦你真正懂得如何去生活，一切人际关系和健康方面的问题都将迎刃而解，你还能更好地改进事业和生意方面的规划。你拥有选择的绝对权，它就在你的手中。

谁能够驾驭你的生活，谁就是自己人生的主人。你的体内蕴藏着无限潜能，它能使你获得想要的一切。你正塑造着你的思想、行为性格，雕刻着你的现实人生。你所有的经历都是你宝贵的经验和财富，它能教会你如何从中吸取颇具价值的教训，怎样学会成长，以及如何去发掘降临在你身上的机遇，并最大限度地利用和扩展这些机遇。

通过一切经历和体验，你得以一点一滴地抒写和创造自己的命运。不要因为暂时的逆境而焦虑万分，好像天塌下来一样觉得不堪重负，更不能软弱无力地听任逆境摆布而停止了前进的脚步。你应该将每一种境遇都看成学习和领悟人生的过程，哪怕是逆境，将压力变作动力和激励。

时常想一想你曾经遭受过的每一次痛苦的经历，例如失业或是遭遇情感的打击，痛失一段恋情。当痛苦的煎熬期过去以后，你会从痛苦中恍然大悟，正是这段痛苦的经历赐予了你弥足珍贵的教训，它的发生是上帝对你最好的安排。比如，你往往能在失业之后找到一份更有发展潜力、更有乐趣的新工作，或者找到一个更合适的对象开始一段新的恋情。而如果你没有结束上一段感情，你很可能根本不会遇到这么一个人。

一个人必须冷静沉着地面对不幸和逆境，从中吸取教训，积极努力地寻求改善人生的机会。每当不幸和厄运降临，你是否总是把自己当作一个可怜凄惨的受害者，终日以泪洗面，萎靡消沉？如果是，那么你从现在起就要立即改变这种消极的态度。

你要努力变成这样一种人：面对逆境，总是思考："我怎样才能从这次挫折中受益？我该从中吸取怎样的教训才不至于重蹈覆辙？"

你要充分认识到自己的力量，千万不要自暴自弃，自甘堕落，不论在什么样的境遇中，你都一定能驾驭自己的理性与情感。

再强调一点：无论是谁都要学会反躬自省，在自己身上发现改变逆境的力量，而不是试图从别人那里或外界去找寻这种力量。要想获得内心的安宁祥和，就不要去评判他人，或机关算尽，企图操控别人，而要尽力去帮助他人也找到面对生活的勇气和力量。

当一个人感到遭受了他人的不公正对待或污蔑时，千万不要让仇恨并痛苦充塞并折磨你的心灵，因为仇恨和痛苦会阻滞你快乐起来的心境。破釜沉舟的复仇心态只会生发消极负面的情绪，蒙蔽你的双眼和心灵，使你看不到世界蓬勃向上的一面，感受不到乐观向上的情感。而只有积极乐观的心态才有助于你自己主宰自己的命运。

如何培养坚定果敢的性格

胆怯者的最大弱点是畏惧冒险，因为是有这种性格的人总是打着"稳"字的招牌，缩手缩脚，瞻前顾后，结果一事无成。

当然，我们提倡冒险性格，是因为冒险越大，成功的概率也就越大。

一个人要有勇敢精神，让自己勇敢无畏；但不是盲目冒险。成功者首要的是目的明确，在目标召唤下勇敢地去做。

要求永远不犯错，正是什么也做不成的原因，这是胆怯性格者的特点。因此，你需要改掉的是一整套的性格和习惯。首先，遇到有小事要决定的时候，练习"快动作"。譬如说，决定看哪一部电影，写什么信，要不要买某一件外套。电影只用五分钟决定，信用一小时，外套二三小时。

强制自己在某一时限内做决定，决定好了就不要改变（不要写了信又撕掉，买了外套又退回店里）。或许会觉得做这件事太莽撞，太不顾虑后果，这种想法正是问题真正所在。事情过了几天，说不定会意想不到地对自己的决定感到满意。

当然，比较重大长远的事不能如法炮制，不要在有限的多少小时或分钟之内迅速决定婚姻、生子、投资之类的问题。不过，平时要多采用快动作，可培养面临重大事项时的果断性格。

许多画家就是用这样的方法给自己实验求新以及犯错的机会，譬如画一张平面立体感的画，三分钟内完成，假如效果好，自然很不错；假如不好，也可免得自以为完美无缺。就好像一封信始终不写因为还没想到恰当的措辞，万一永远想不起来，不是永远也写不成了吗？

一个人只有敢于冒险，才能成大事。

经济萧条时，不少工厂和商店纷纷倒闭，达维尔被迫贱价抛售自己堆积如山的存货，价钱低到 1 美元可以买到 100 双袜子。

那时，约翰·甘布士还是一家织制厂的小技师。他马上把自己积蓄的钱用于收购低价货物，人们见到他这股傻劲，都公然嘲笑他是个蠢才！

约翰·甘布士对别人的嘲笑漠然置之，依旧收购各工厂和商店抛售的货物，并租了很大的货仓来贮货。

他妻子劝说他，不要把这些别人廉价抛售的东西购入，因为他们历年积蓄下来的钱数量有限，而且是准备用作子女教养费的。如果此举血本无归，那么后果便不堪设想。

对于妻子忧心忡忡的劝告，甘布士笑过后又安慰她道：

"3 个月以后，我们就可以靠这些廉价货物发一笔大财。"

甘布士的话似乎兑现不了。

过了 10 多天后，那些工厂贱价抛售也找不到买主了，便把所有存货用车运走烧掉，以此稳定市场上的物价。

太太看到别人已经在焚烧货物，不由得焦急万分，抱怨起甘布士，对于妻子的抱怨，甘布士依旧一言不发。

终于，美国政府采取了紧急行动，稳定了达维尔的物价，并且大力支持那里的厂商复业。这时但达维尔地区因焚烧的货物过多，存货欠缺，物价一天天飞涨。约翰·甘布士马上把自己库存的大量货物抛售出去，一来赚了一大笔钱，二来使市场物价得以稳定，不致暴涨不断。

后来，甘布士用这笔赚来的钱，开设了 5 家百货商店，业务也十分发达。

如今，甘布士已是美国的商业巨子了。

冒险果敢性格不是探险行动，但探险家的行动必须拥有足够的冒险果敢性格。哥伦布发现新大陆，麦哲伦环球航行，都具备人类最伟大的冒险性格。没有这一点，成功与他们无缘。

然而，划时代的探险行为不是时时发生，也不是每一个冒险家都能碰到的机遇。正因为这样，日常生活中、科学实验、军事行动及工商活动等所要的冒险果敢性格更有普遍意义，更值得人们思考、体验。

美国大亨哈默18岁接管父亲的制药厂，22岁就成为环球瞩目的大亨，其成功奥秘之一就是具有足够冒险果敢性格。像他和前苏联做生意，当时是1921年，前苏联刚打完仗，接着年成不好闹饥荒。哈默听说列宁实行新经济政策，鼓励外商投资。当时西方世界对这个红色国家充满魔鬼般的恐惧，没人敢问津，但哈默却跃跃欲试。他先做粮食生意，觉得挺好，哈默赚了一笔。后来他又果敢地在前苏联投资办企业。哈默一生商业成就为人称赞，而他在前苏联的冒险成功尤其值得称道。这是他敢于冒险性格的最大反映！

胆怯的性格只能回避成功，冒险果敢的性格则能接近成功。我们对你的劝告是：切莫胆怯！

第九章　叛逆果敢者的成事法则